世界CG艺术经典

Photoshop

游戏动漫手绘基础教程

英国 3dtotal 出版社 著

杨雪果 黎盟 何菲菲 译

電子工業出版社

Publishing House of Electronics Industry

北京·BEIJING

版权贸易合同登记号 图字：01-2020-2319

图书在版编目（CIP）数据

Photoshop游戏动漫手绘基础教程 / 英国3dtotal 出版社 (3dtotal Publishing) 著；杨雪果，黎盟，何菲菲译. — 北京：电子工业出版社, 2022.4

（世界CG艺术经典）

书名原文: Digital Painting in Photoshop: Industry Techniques for Beginners

ISBN 978-7-121-42685-8

Ⅰ. ①P… Ⅱ. ①英… ②杨… ③黎… ④何… Ⅲ. ①图像处理软件－教材 Ⅳ. ①TP391.413

中国版本图书馆CIP数据核字(2022)第015158号

责任编辑：张艳芳
印　　刷：北京瑞禾彩色印刷有限公司
装　　订：北京瑞禾彩色印刷有限公司
出版发行：电子工业出版社
　　　　　北京市海淀区万寿路173信箱　　　　邮编：100036
开　　本：787×1092　1/16　印张：17.5　字数：548.8千字
版　　次：2022年4月第1版
印　　次：2022年4月第1次印刷
定　　价：128.00 元

凡所购买电子工业出版社图书有缺损问题，请向购买书店调换。若书店售缺，请与本社发行部联系，联系及邮购电话：（010）88254888，88258888。

质量投诉请发邮件至 zlts@phei.com.cn，盗版侵权举报请发邮件至dbqq@phei.com.cn。

本书咨询联系方式：（010）88254161～88254167转1897。

目录

简介

教程

如何使用本书

数字绘画是一个功能繁多且用途广泛的创意产业。在大型电影和 3A 级游戏等数字作品中都能够看到数字绘画师的作品，他们绘制的封面吸引人们对电影或游戏本身产生兴趣，其作品能创造令人难以置信、引人入胜的营销形象。数字绘画师处理画面所使用的软件就是他们最强大的工具之一，对于专业的数字绘画师而言，这个工具就是 Adobe Photoshop。Photoshop 长期以来一直是数字绘画行业的标准软件，其功能已经从照片编辑软件发展到包含技术流程的工具，为数字绘画师在相对较短的时间内创作杰出画面提供了巨大帮助。

从哪里开始

如果你之前从未使用过 Photoshop，强烈建议先阅读本书开头的数字绘画介绍（见第 8~19 页）和 Photoshop 介绍（见第 20~69 页）部分。在这里你将找到有关首次打开和使用 Photoshop 进行数字绘画的全方位信息。其中包括创建令人印象深刻的数字绘画所需的基本硬件信息，如何首次设置工作区以及如何使 Photoshop 界面适应你的需求。此外，你还可以找到有关常用工具和画笔的详尽说明（分别见第 32~43 页和第 44~51 页），以及有关图层使用的简介（见第 52~61 页），这些将为你提供开始绘制第一幅画所需的重要知识。

在本书中你将找到由经验丰富的数字绘画师提供的三个专家教程，以详细易懂的方式一步步引导你完成数字绘画过程。每个教程都将针对数字绘画的不同领域，以使你全面了解行业关键技术。如果你想直接学习绘画，这些教程将会为你提供极大的帮助，但是建议从首个教程开始，因为这将为你后续的学习打下基础。你将学到如何创建自定义画笔，如何运用照片快速创建真实性图像，以及如何使用不同元素（如手绘草图和文本）来提升联合作品的质量。

《Riot 02》是一个实验性作品，Markus在此作品中探索出了新想法

本书中的专家教程将逐步引导你完成绘画过程

注意事项

文件路径

这些路径罗列出你需要执行以达到特定命令的菜单选项。例如，如果指示使用【复制】功能，通常会有一个路径：【编辑】>【复制】，提示你在【编辑】菜单中可找到【复制】功能。

快捷键

快捷键可以通过加快执行单个任务来帮助你在绘图时节省时间。在整本书中用“+”符号描述同时使用两个或多个按键的情况，如快捷键 Ctrl+ C。

流程图表

当一个经常使用的、较为复杂的过程出现时，通常旁边会有一个图表。它简要重申执行该功能所需采取的步骤。这些图表可以在任何你需要的时候重新复习，此设计也是为了帮助你在工作时快速更新知识。当发现某个功能不起效时，你甚至可以使用它们追溯步骤，以确定是错过了哪个重要环节。

提示框

整本书内另有一些使用 Photoshop 和作为一个专业的数字绘画师应掌握的实用技巧。这里有四个图标标记这些提示：

- 钢笔和纸图标代表好建议；
- 文件夹图标代表管理提示；
- 秒表图标代表效率提示；
- 画笔图标代表艺术和绘画提示。

仔细阅读整本书的技巧提示，以获得专家对优化工作流程的见解。

本书中一个教程的示例页

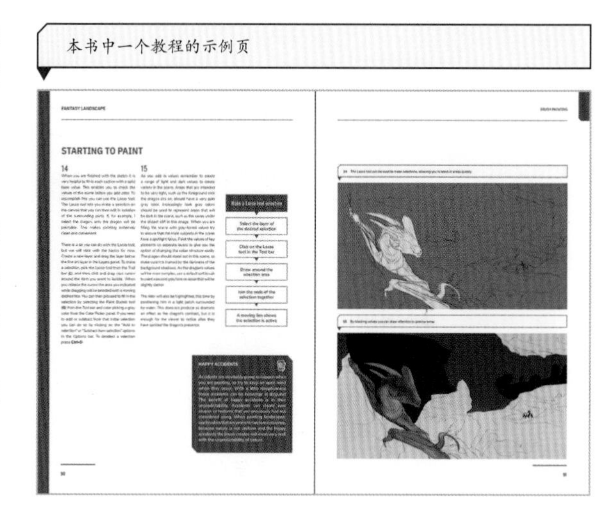

本书中使用的提示图标

数字绘画介绍

Artwork © Markus Lovadina

01

什么是数字绘画

马库斯·洛瓦迪

又名Malo，是Deep Silver公司的导演助理，也是自由概念艺术家和插画家。他有二十多年从事影视游戏、电影项目、出版、平面设计以及商业广告的工作经验。

在开始你的第一次数字绘画之前，了解数字绘画的构成非常重要。在本节中，你将学习什么是数字绘画，数字绘画的目的，以及数字绘画师在创意产业中所扮演的角色。

数字绘画是使用电脑和绘图板创建艺术品的实践过程。数字绘画完全等同于传统绘画是大家普遍的误解。在传统绘画中，艺术家直接使用颜料以油画或水彩画的方式在画布上绘画。许多人认为，数字绘画创建图像与艺术家使用物理材料进行绘画，二者的过程与技术相同。实际上，数字绘画及创作艺术作品所需的技术要比传统绘画更加多样化。

在许多方面，数字绘画已成为具有自身艺术性的工作领域，并改变了当今许多专业艺术家的工作方式。确实可以将传统绘画中的许多原理运用到数字绘画中，如使用不同的画笔类型绘制并遮盖画面区域。但是，数字绘画引入了一种全新的创建图像的方法，包括使用分离的图层，合并纹理（如照片），并将图像转换为灰度。如果你仅仅使用过传统方式进行创作，则在数字绘画中会遇到不熟悉的工具和术语，如“曲线”和“RGB设置”。这本书将指导你适应并熟练掌握这些新的工作方式。

这幅图很像是用传统笔触绘制出的作品，实际上却是数字绘制的

在某种程度上，数字绘画让近几十年来使用它最多的那些行业（如插图、视频游戏和电影）也发生了变化。在完成行业作品时，所有事情都需要高效。图像必须能快速更改，精心制作的文字能够替换，对象的大小能够缩放，并且绘画中的每个元素都必须尽可能可替换，以适应快速变化的行业环境。你是否曾经尝试过花费半天时间来修改油画的整体画面？这就是为什么在大多数情况下，数字绘画将成为当今行业专业人员的首选。

本书中的说明专用于 Adobe Photoshop，它是诸多二维数字软件中的一种。作为可靠而又信誉良好的数字绘画软件已有悠久的历史，它几乎已经成为艺术家在每个创意产业中必备的标准软件。虽然要学会以专业标准使用 Photoshop 并不容易，但是无论看起来多么复杂，它都是一种较易掌握的创造画面的工具。

数字绘画的行业目的

几乎每个创意产业——其中最大的是游戏业、电影业和出版业——都使用数字绘画以视觉方式解决问题或为客户进行可视化展示。众所周知，一图胜千言。如果可以降低制作成本，那就更加应该使用图片来代替某些文字表达。数字绘画可以用来绘制图书封面或向导演展示特定概念；它也可以用来向制作团队的其他成员明晰游戏环境，诸如此类，每个项目无论大小，都会遇到需要通过视觉解决的问题。

数字绘画师同时扮演视觉问题解决者、故事讲述者、产品设计师以及许多其他角色。数字绘画师对项目的影响是巨大的。数字绘画师在使导演或制片人的想法形象化中扮演着重要角色，他们还将自己的偏好和风格带入项目中。数字绘画师描画道具、角色或整个场景的方式最终可能会改变艺术总监或导演最初的设想。最初的概念可能不是将其融入电影或游戏中，而是用于开启一段创造性的思维碰撞。数字绘画师从事视觉概念的创作时，总是有机会展示自己的想法、品位或者只是简单地将看到的事物带入新的创作中。

当这些行业引入数字绘画时，你会发现最大的变化是项目的制作没有固定的规则。即使是由同一工作室制作，但不同的项目都有各自不同的要求。每个行业的要求各不相同，这也意味着数字绘画师的创作方法会因项目而异，因此你需要把握好如何根据每个项目的要求适当调整流程。

数字绘画可以用于多种目的，如烘托气氛或提供灯光信息

Photoshop 的通用性

数字绘画师可能需要创作高细节度的成品图或非常粗略的概念图。他们的工作包含设计环境、道具和角色，或在已有形象的基础上进行调整。在创作一幅数字绘画时你有可能会使用多种现有的图像和纹理，有时需要自行手绘草图，并完善成一幅模仿传统笔触的数字绘画作品。Photoshop 的通用性可以让你快速完成这些工作。本书提供了大量的 Photoshop 工作流程，帮助你在节奏快，工期紧的情况下，快速实现可视化过程。

Photoshop 在数字绘画中的另一个重要运用，是可以将三维软件中创建的元素合并到2D艺术作品中。作为一名初级数字绘画师，你唯一需要使用的软件可能是 Photoshop；然而了解如何在 Photoshop 中使用三维软件及其组件，可以帮你提高工作的准确性并加速工作流程。一位高级艺术家需要做更复杂的工作，因此应了解更多的三维和合成软件，如 Autodesk 公司的 Maya 和 Fusion，或 Foundry 公司的 Modo 和 Nuke 等，都是对 Photoshop 现有绘画功能的实用补充。

对于许多专业的概念艺术家来说，当他们需要创作具备真实感且高质量的数字艺术作品时，通常会在三维软件中创建对象以确保准确性，然后将对象转移到 Photoshop 中，在场景中使用并进行渲染。对于艺术家来说，从 Photoshop 中导出创建的纹理并将其应用到三维模型中也是很常见的，就像 Pixologic 公司的 ZBrush 一样，在 ZBrush 中可以调整物体的材质。这两种操作如果均在三维软件中进行，在通用性和达到相同结果所需的时间方面有相当大的限制。因此，对 Photoshop 灵活和富有创造力的使用，是所有 2D 和 3D 艺术家的撒手锏。

可以将Photoshop与三维软件结合使用来创建高级数字绘画作品

适用行业日益增多

数字绘画是创意产业中发展最快的领域之一，科技进步推动其不断发展。仅在过去几年里，数字绘画艺术就经历了巨大的变迁，改变了数字绘画的方式和成品的外观。图片处理技术的发展已经改变了数字绘画师的工作方式、许多理念及插图的风格。将三维物体导入 Photoshop 的可能性，或在 Photoshop 中完成从绘制最简单的草图到创造出制作精良的艺术作品的全过程，也使数字绘画的制作方式和行业应用方式发生了重大变化。

数字绘画师已经开始使用虚拟现实（VR）技术并围绕 VR 设备开展项目，从而创造出令人身临其境的概念艺术作品。数字绘画的可能性是无限的，随着行业需求增加以及技术的进步，你将有更多的可选方式来表达你的想法。所有这些具有创造性的可能性和进步，你都可以通过学习来掌握，并用以满足你的需求。最重要的是学习和实践，借此你才能对软件有更深刻的理解并进行应用。如此你便能轻松地为你所面临的每一个问题找到高效的解决方案。

随着照片拼接技术的发展，概念设计的方式也发生了变化

工作条理性

数字绘画师参与的行业往往都需要高效完成工作。工作节奏快，提交期限也很紧迫。为了保证正常的工作负荷，你需要使自己的工作具有条理性，正如你将在本书的后面所看到的，在绘画过程中以及在作品中使用文件时，保持数字绘画文件的组织和标记清晰是非常有益的。

硬件指南

在购买 Adobe Photoshop 软件之前，务必确保你拥有合适的硬件来运行程序，并且具备创建数字绘画所需的绘画工具。在这里我们将介绍硬件的一般需求和需要遵守的重要规范。你将了解到鼠标不适合数字绘画，因此本节还将讨论如何将手绘板、手绘屏与手写笔一起使用，以获得更好的效果。

兼容硬件

在 Photoshop 中创建数字绘画，你需要具备以下条件：

- 一台能够运行该软件的普通电脑或苹果电脑；
- 一块可以连接到普通电脑、苹果电脑的手绘板；
- 一种可用于绘图的压感手写笔。

Photoshop 与大多数计算机处理器兼容，但重要的是要检查计算机系统内置的显卡是否与其兼容。如果显卡不兼容，软件有可能会崩溃或出现性能问题。你可以在 helpx.adobe.com 网站上的 Adobe 帮助中心，查看你的计算机处理器和显卡是否适用。

另一个需要检查的关键问题是系统是否有足够的内存和存储空间。大多数系统只需 2GB 左右的内存，不过为了让 Photoshop 顺利运行，推荐使用 8GB 的内存。当你在专业领域工作时，将需要较大的内存；尤其是工作室，推荐使用 32GB 甚至 64GB 的内存。

使用手写笔

绘画时，让你的手和手臂尽可能自然舒适是非常重要的。鼠标不适合创作复杂的艺术作品，因此数字绘画师使用手绘板和手写笔是行业标准。

确保你有合适的硬件，以避免工作时出现软件性能问题

Photo © Markus Lovadina

使用绘图工具

手绘板

手绘板（有时也称为绘图板）是一种可以连接到电脑系统的硬件设备，将你用手写笔做出的动作传达到 Photoshop 中。通过使用手写笔你可以在手绘板与屏幕之间以联动方式进行绘画。培养看屏幕
是看自己的手的习惯可
时间，但它会
渐养成

你在
觉。然
用传统的
生还是有区
现方式不同。
画的线条来旋转
以在 Photoshop 中

应时间与自然旋转纸的速度无法相比。然而，随着使用手绘板的频率提高，工作流程对你来说会逐渐变得自然。对许多数字绘画师来说，最接近传统纸笔的方式是使用手绘板和手写笔，这只是一个训练手眼
的问题。大多数手绘板纯粹是
数字绘画，除非连接到普通电
电脑，否则无法使用。

绘画师选择在手绘
是在手绘板上。
的绘图工具，
上绘图。因
那样的手

我应该选择哪个设备？

在选择绘画设备时，你要问自己的最重要的问题是你将在什么样的环境下使用它。现在有许多选择，它们有不同的大小、功能以及手写笔的压力敏感水平。想想你有多大的空间可以利用，你准备在你的职业或爱好上投入多少。如果你正在从传统艺术向数字艺术过渡，可能会发现手绘屏更容易使用，但通常比手绘板贵得多。重要的是，一个勤于练习、拥有熟练技巧的艺术家，即使是在非常基础的设备上也能创造出灿烂的艺术作品。

手绘屏允许你直接在屏幕上

在屏幕上做标记

Photo © A

Photo © Kacey Lynn

快捷键

不管你用的是普通电脑还是苹果电脑，尽管快捷
现都很好。在这本书中，将罗列出普通电脑的键盘快捷键。如要转换这些快
，则只要在指示使用Ctrl键时用Command键代替，指示使用Alt键时用Option键代替

关键是正确的设备

虽然对于初学者来说，高质量的硬件并不是必需品，但是如果你正准备成为一名专业的数字绘画师，手边有高效的设备是非常重要的。拥有越专业且合适的工作方法与工具，你的能力越强大，制定专业工作流程和完成工作的能力也越高。如果还没有打算成为一名数字绘画师，你可以选择成本更低的方式，这可能是进入数字绘画领域的好方法。

每个人的工作方式都不同，因此对硬件的偏好也会不同。最好的办法是在购买之前认真测试一下设备。如果你有机会亲自测试手绘板或手绘屏，那么就请上手测试；如果你无法亲自测试硬件，可以在网上找各种各样的评论，通常在 YouTube 等网站上能找到其他数字绘画师制作的详细视频评测。

如果你对自己的手眼协调控制能力不自信，那么在学习的时候选择手绘屏可能会更舒服，因为它能让你手眼一致地体验绘画。不过不太可能一开始就在手绘屏上体验数字艺术，这是一项重大投资，意味着大多数人将从手绘板过渡到手绘屏。

在创建数字艺术品时，同时使用多个屏幕和各种硬件可以让你获得最大的灵活性

双屏

专业数字绘画师在创作作品时，特别是在工作室环境中通常使用至少两个屏幕。这使你能够以一种便捷的方式扩展Photoshop界面的布局，而不影响数字画布的空间大小。第二个屏幕还可用于在工作时随时查看所需的参考资料。

考虑优先级

在你决定是否购买昂贵的硬件之前，仔细考虑一下你希望通过学习数字绘画来达到什么目的。如果你的职业发展需要你定期使用 Photoshop 进行数字绘画，那么花大价钱购买硬件是值得的，因为你需要强大的设备来为客户制作专业图像。然而，如果你不确定这是否是一个你想要追求的领域，或者你只是想把数字绘画当成一种业余爱好，可能应该考虑购买更便宜、功能更弱、更兼容的硬件，或者购买旧的二手设备。Photoshop 的一大优点是适合各种用户使用，且不依赖于最新、高规格的硬件来工作。

软件指南

Adobe Photoshop 是一个非常强大的工具。你可以随心所欲地使用，唯一能限制它的是你的创造力。软件中有很多技巧和选项可供选择，只要把这些选项巧妙结合，就能创造出使用 Photoshop 的新方法。在这一节中，你将了解初次使用 Photoshop 时可以选择的不同选项，以及使用软件最新版本的意义。

Adobe提供了很多不同安装包和订阅选项

安装包

通过订阅，你可以从其创建者 Adobe 公司获得 Photoshop 软件。在订阅选项中，Adobe 根据买方的需要提供了几个不同的安装包。哪种安装包适合你取决于你想要从事的项目、行业需求和预算。购买之前，想想你购买它的用途是什么，找出你想要达到的目的。

如果只是初学者，你的需求很可能是基于你最渴望学习什么和你愿意付出多少经济成本。如果你是一名学生，你的课程指导教师能够就你需要的软件提出建议。如果你正在从事数字绘画行业，很可能需要订阅最全面的内容。

通常，与专业数字绘画师关联最大的软件包是 Creative Cloud。它包含 Photoshop CC 和 Adobe 提供的所有其他应用程序，因此你可以在不同的应用程序之间进行切换。这将允许你在 Adobe Illustrator 中设计徽标，在 Adobe InDesign 中为贴画做图形设计，并在 Photoshop 中将所有成果组合在一起。此外，你还可以访问 Adobe Typekit，这是一个巨大的字体库，如果你是一名 UI 艺术家（从事视频游戏用户界面整体设计工作的人），它将非常有用。如果你必须以多角色的方式工作，如插画师、概念艺术家、平面设计师、视觉特效艺术家或艺术编辑，那么 Creative Cloud 是最佳选择。

你还可以从 Adobe 站点选择单个软件计划。然而，与打包订购相比，单一软件购买可能相对昂贵。如果你打算专注于数字绘画、摄影或调图，Creater Cloud Photography Plan 是一个实用选择。

通过 Adobe 订阅，你购买的是使用其软件产品的许可证，因此在进行购买时，请务必阅读许可证的条款和条件。使用 adobe.com 来获取软件包来源，以确保你获得的是合法版本的软件。

PHOTOSHOP 试用版

如果你只是想试用一下 Photoshop，试用版本能够让你享受Photoshop的功能和小工具，但试用版本只能在有限的时间内运行。试用版不太可能给你足够的时间来熟悉Photoshop，但如果你想测试Photoshop是否适合你，它会很有帮助。你可以从adobe.com下载Photoshop试用版。

版本

使用旧版本的 Photoshop 不会对你创作高质量的作品产生负面影响。今天许多专业艺术家仍然在使用旧版本工作，这并不意味着他们的作品质量较低。不过，使用最新版本的 Photoshop 会更加便捷。

一般来说，最新版本的 Photoshop 在常规工作流程和处理大文件的方式上均会有较大改进。在行业内工作时，速度是至关重要的因素之一，因为工期是确定的，而且通常非常紧迫。使用最新版本的 Photoshop 可以让你在处理工作流程时有更多的选择，并且更加舒适和高效。总之，Photoshop 是一个工具，它可以根据你的需求进行定制。

在旧版本的 Photoshop 中，要在一个有很多高分辨率图层的文件中工作是相当困难的。该软件仍然可以工作，但你必须留心限制文件大小并注意定期保存。Photoshop CC 现在做了很多优化工作并能够自动保存。如果它崩溃了，你的文件很有可能被恢复到最新的一步操作。当更新系统时，你也不必担心兼容性，因为你用新版本 Photoshop 创建的文件是兼容的。

更新的优点

在 Photoshop 中有很多软件更新选项，很容易学习。即使是简单的更新也可以极大地改善 Photoshop 的功能。Creative Cloud 订阅者可以免费获得更新，并且可以在更新发布后就立即使用它们。

Adobe 不断对其软件进行更新和改进，这意味着学习 Photoshop 是一个持续的过程，即使对有经验的专业人士也是如此。然而，这些改进可以帮助你完善工作流程，并成长为一个艺术家。这些更新使软件功能越来越强大，更多地造福数字绘画师们。

无论使用哪个版本，Photoshop的工作界面看起来都是一样的

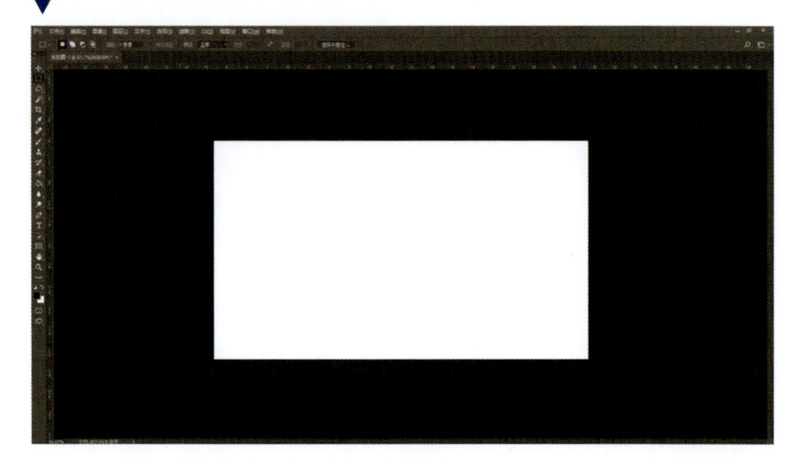

不同版本的Photoshop面板看起来可能略有不同，但功能是一样的

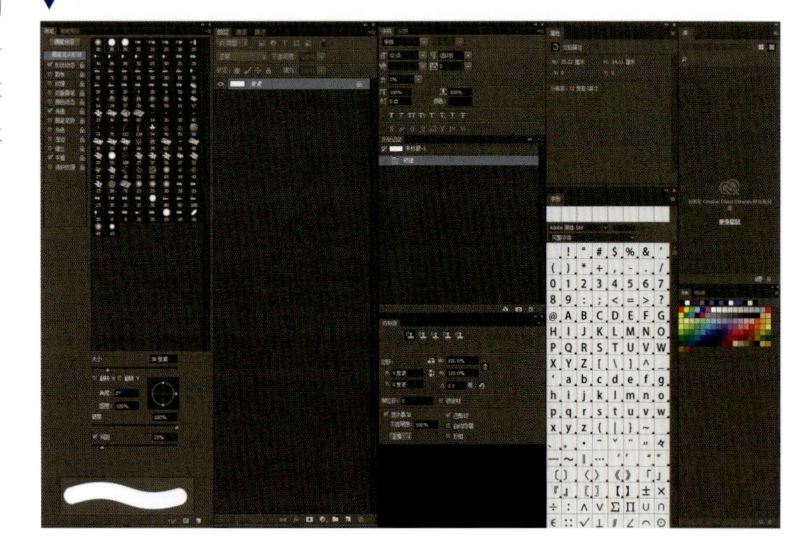

插件

插件是可以附加到标准软件上的附加应用程序。通常，这些插件不是由最初的软件开发人员创建的，它们执行的非常具体的任务并不是主流软件使用的一部分。Photoshop 最初是为摄影师设计的，但在很长一段时间内被广泛用于数字绘画，所以在 Photoshop 中有大量的在线数字绘画插件。

有两个插件对数字绘画特别有用：【Anastasiy】面板和【Perspective Tools v2】选项。【Anastasiy】面板可从网站(anastasiy.com/panel)快速下载，是 Photoshop 的直观工具。它提供的【MagicPicker】和【MagicPicker】子面板对于快速选择和混合颜色非常有用。透视图工具【Perspective Tools v2】(gumroad.com/l/MESI)是一个允许你快速创建透视网格的工具。还可以使用它将你想要的透视图和正交图扭曲变形，以轻松实现纹理表面绘制。

Photoshop 的众多优点之一是，即使没有特定的插件，你也可以创建操作并自定义多个元素、调色板、脚本等。花时间创建自己的工具集、脚本或动作，可以为你后续的工作节省时间并加速未来的工作流程。这可能需要对 Photoshop 有更深刻的理解，但是当你经常使用 Photoshop 的时候，这一天就会到来。建议你在使用 Photoshop 足够长的时间，已经明晰你的挫败点在哪里，或者注意到你的工作流程的某一部分耗费了很长的时间之后，再去搜索相关的插件以解决问题。

如何安装插件

首先，从 Adobe 网站(adobe.com)下载安装 Adobe Extension Manager CC。扩展管理器允许你轻松地安装和删除扩展包及插件。如果你已经安装了扩展管理器，务必确保你的版本是最新的，并且与你的 Photoshop 版本相匹配。一旦安装了扩展管理器，你就可以在 Adobe Exchange 网站(adobeexchange.com)上浏览扩展，这是一个包含许多与 Adobe 兼容插件的库。你也可以通过在线搜索找到插件，但是要确保文件来自安全的站点。

当双击下载插件时，一个新的【扩展管理器】窗口将出现在屏幕上。如果扩展管理器已经在运行，转到顶部栏，选择【文件】>【安装扩展】选项或按快捷键 Ctrl+O。插件安装后，扩展管理器底部将显示插件的描述。

注意安全

下载插件时要注意电脑安全。搜索插件的评论并检查源代码是否可靠以避免下载到病毒。建议直接从软件创建者的官方网站获取插件，并在下载之后检查插件的有效性。

扩展管理器能够使你轻松地安装和删除插件

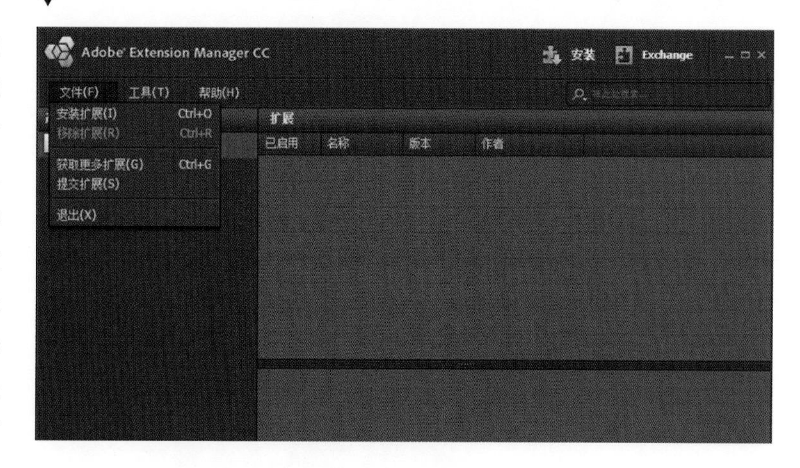

Photoshop 介绍

02

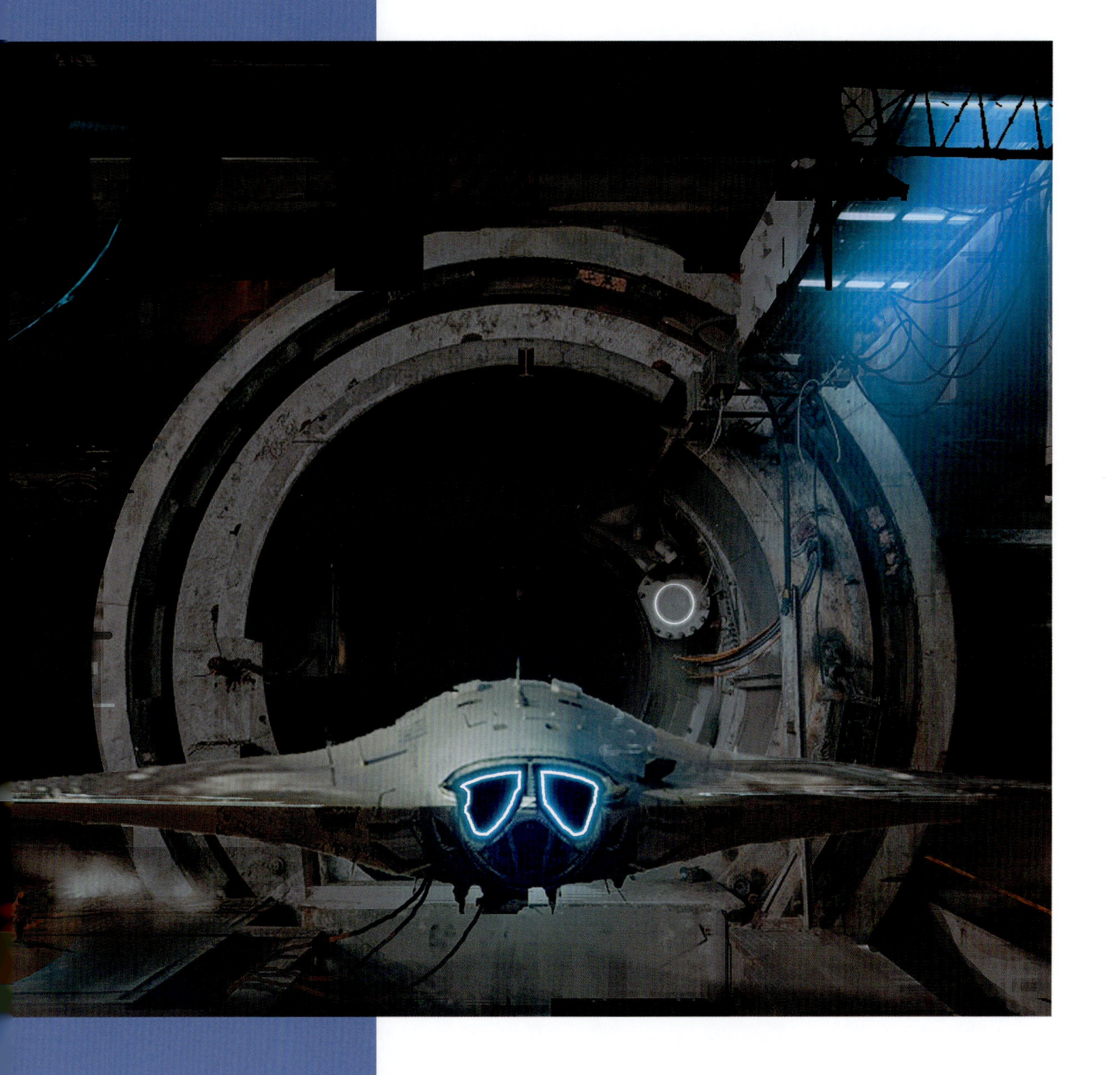

Photoshop 界面

开始接触任何新软件都是一个缓慢的过程，花点时间来熟悉 Photoshop 的界面，让你能更好地使用它来满足你的需求。通过这部分的学习，你可以按照你喜欢的方式自定义 Photoshop 的操作、面板位置和许多快捷方式。本节的内容将教你如何设置界面，以及如何使用它构建自己的工作空间。这将使你专注于概念艺术创作或插图绘画，而不是把精力花费在找工具上。

第一次打开 Photoshop

当你第一次打开 Photoshop 时，几乎看不到任何内容。Photoshop 允许你新建一个画布或者打开一个现有的图像。在屏幕的左边，你会看到另外两个选项——【工作】和【学习】选项。【工作】选项可以让你新建一个画布，【学习】选项可以为你提供教程和培训文件，但这些通常是针对摄影师和图片编辑的。选择【工作】选项开始你的数字绘画。

单击【新建】按钮创建你的第一个画布；一个弹出窗口将出现在屏幕上，为你想要开始的项目类型提供不同的选项。可供你选择的有：照片、打印、图稿和插图、Web、移动设备、胶片和视频。所有预设都包含与所需格式类型相关的信息，包括建议的宽度、高度、分辨率、颜色模式和背景内容。

如果这些预设都不符合你的需要，那你可以通过手动设置，将需要的规范输入到预设的详细信息字段中来创建自定义画布（如右图所示）。你可以调整各种选项。

画布大小

此选项允许你设置画布的高度和宽度。如果你要创建一个将以特定大小打印的图像，则可以使用毫米或英寸等标准单位。如果你不需要打印图像或固定的大小，建议你按像素大小设置画布（如 1200 像素 × 1200 像素），以确保满足你想要的分辨率。

分辨率

图像的分辨率决定其视觉质量，应避免创建像素化的图像。低分辨率，如 72 dpi，适合于只在屏幕上观看的图像。对于打印图像，建议选择至少 300 dpi 的高分辨率。

颜色模式

Photoshop 中有不同的颜色模式，包括 RGB（红色、绿色、蓝色）和 CMYK（青色、品红、黄色、黑色）。RGB 依赖于光产生的颜色，在屏幕上查看图像时，它是一个很好的选择。CMYK 模式是可以用墨水创建的颜色，因此需要打印图像时选用它。

背景内容

新文档窗口的【背景内容】选项允许你为画布选择白色、黑色或自定义背景颜色。假如你喜欢在一个较亮或较暗的背景里绘画，这是非常有用的。

设置好画布后，单击【创建】按钮，你将首次看到 Photoshop 工作区。

创建新画布时可用的预设详细信息选项

工作区

基本的工作空间可以大致分为四个部分：

- 屏幕顶部的顶部栏和选项栏；
- 沿屏幕左侧排列的工具栏；
- 包含信息和选项的面板，以及在屏幕右侧的设置；
- 中央空间是一个大的工作画布。

如何设置 Photoshop 工作空间取决于你的具体需求和品位。这类似于安排你工作室的桌子或绘画空间。为了提高效率，你需要哪些工具？什么东西放什么地方可以使空间整洁？你需要问自己同样的问题。在右侧菜单中包含更改工作空间在屏幕上显示方式的预设选项。使用 Photoshop 时，理想情况下，可以用双屏幕设置绘画，这能为你提供较多选项安排；例如，你可以将画布放在左边的屏幕上，而将所有的选项面板放在右边的屏幕上。

预设的工作区

最初在 Photoshop 中打开的默认工作空间称为【基本功能】，出于教学目的，本书将使用【基本功能】工作空间。还有其他可用的预设工作区选项，你可以在将来使用它们。这些选项是：3D、图形和 Web、动感、绘画以及摄影。

你可以通过单击工作区右上角的图标（下图中以黄色突出显示）来快速更改预设的工作空间。单击图标后将出现一个菜单，菜单上的选项将帮助你改变工作空间在屏幕上的显示方式。

每种类型的工作空间都提供了不同的设置，如图形和 Web 工作空间侧重于类型和字体，而绘画工作空间侧重于画笔和颜色。你可能会发现其中一个工作区比基本工作区更适合你的工作方式。

在接下来的几页中，我们将分别介绍【基本功能】工作区的每个关键组件，便于你熟悉 Photoshop 的基本功能。

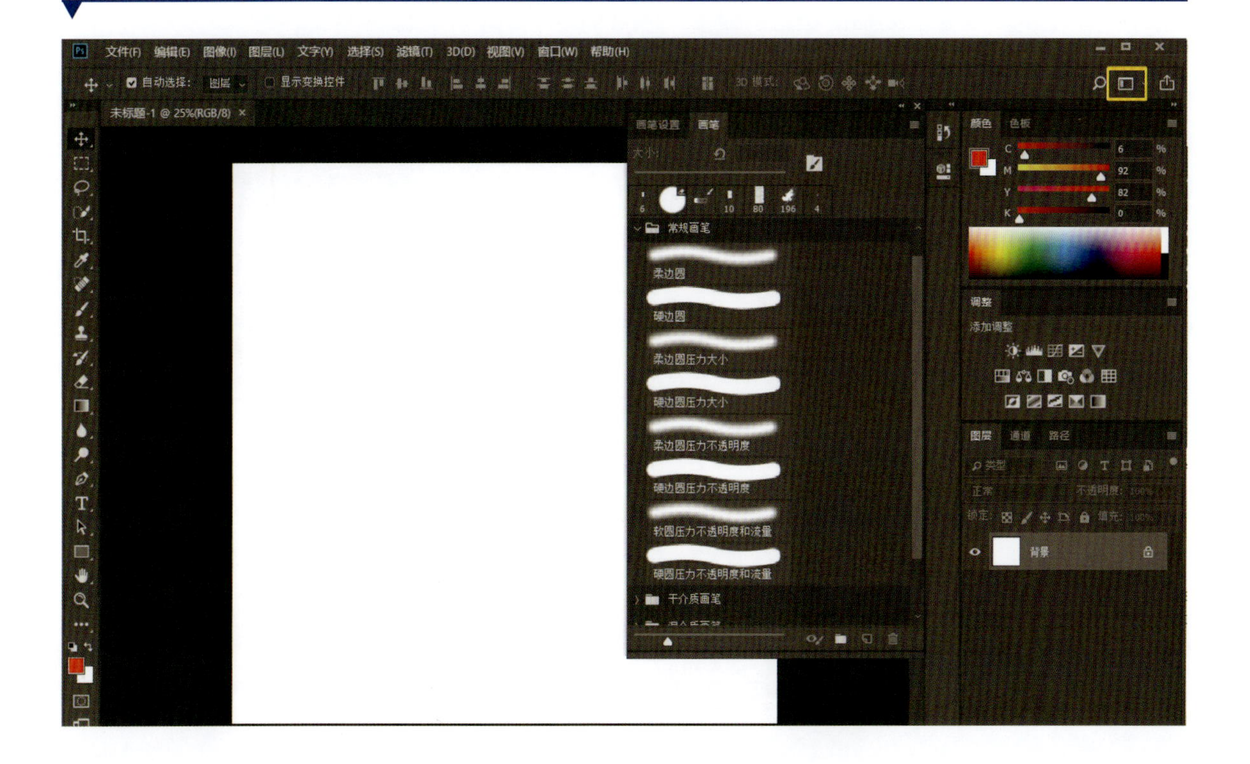

基本工作区的一个例子，包括一个空白的画布和面板。单击黄色突出显示的地方，你可以更改预设工作区

顶部栏

顾名思义，顶部栏的工具条位于屏幕的最顶端（如图所示），紧挨着 Photoshop 的图标。在这里你可以找到关键菜单，通过它浏览 Photoshop 的其他工作空间和功能。顶部栏中列出的选项有：

- 文件
- 编辑
- 图像
- 图层
- 文字
- 选择
- 滤镜
- 3D
- 视图
- 窗口
- 帮助

当你单击顶部栏中的菜单时，会出现一个下拉菜单，向你展示许多其他辅助选项。

在每个菜单的选项旁边，你会看到对应操作的快捷方式。这意味着，如果发现自己正在反复使用相同的工具，你可以使用快捷方式，而不是在找工具上花时间，快捷方式的使用将大大提高你的工作效率。更多快捷方式见第 32~33 页。

顶部栏，类似于在许多其他软件中的菜单，提供了应用界面的一般导航

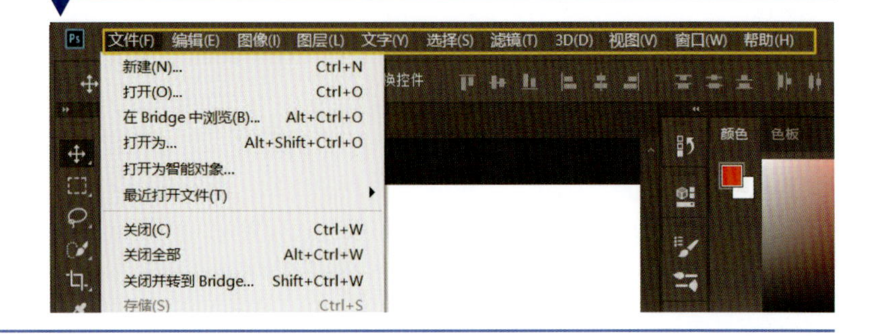

选项栏

选项栏位于屏幕顶部，就在顶部栏的下方（见下图）。它的作用是提供快速访问和功能选项，你可以使用它们来更改工具栏中选择的每个工具的效果。根据你正在使用的工具，在选项栏中能找到有关该工具的各种信息。例如，渐变工具的选项栏提供了特定的设置，如渐变的类型、方向、模式、不透明度和其他选项。

对于绘画，画笔工具有一些有趣的选项。当画笔工具被选中时，选项栏会列出关于可用的特定类型的画笔、大小、画笔的混合模式、不透明度和流量的信息（详情请参阅第 45 页）。你还可以找到画笔的平滑度信息，以及工具预设面板的快速访问链接（即选项栏左边的第一个图标，它会根据你选择的工具而改变），在这里你可以保存常用的工具。如果你发现自己需要一次又一次地在选项栏或画笔设置中输入相同的工具设置或自定义信息，那么工具预设面板将为你提供很大的便利性。

简而言之，选项栏为你提供了关于工具栏中每个工具的最重要信息，并且可以快速调整功能和创建自定义工具预设来帮助你节省时间。

工具预设面板上的选项栏

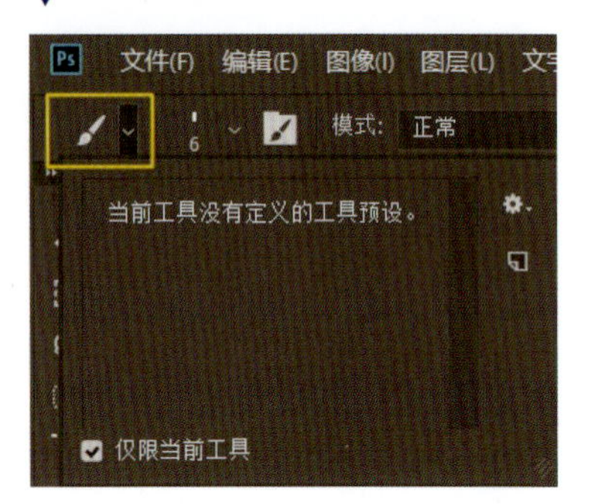

在选项栏中，你可以找到有关所选工具的所有必要信息。当前工具条显示的是画笔工具选项

工具栏

工具栏位于工作区的左侧，可以说是数字绘画最重要的面板，因为你可以在这里选择制作艺术作品所需的工具。它就像一个有组织的工作台，工具按集合进行分类（如图所示）。

你可能会注意到，有些工具在图标的右下角有一个小三角形。这个三角形表示在菜单中包含了一些该类别的其他工具，右击将弹出菜单，显示此类别中的其他工具选项。每个工具选项都有自己的图标，你可以通过单击这些图标进行选择。例如，单击并按住【模糊】工具图标（在第 38 页你可以看到关于这个工具的更多信息），在弹出的窗口中将显示【锐化】工具或【涂抹】工具。你还能看到包含在相同组中的工具的快捷键，例如，【油漆桶】工具和【渐变】工具都使用快捷键 G，但是如果需要，可以定制不同的快捷键来区分工具。

编辑工具栏

工具栏可以编辑和重新安排，以适应你的个人绘画习惯，单击三个点状的【编辑工具栏】图标，将出现一个弹出窗口，显示当前安排的工具栏。通过在窗口中拖放各个工具，你可以重新安排它们或将它们分组。当你对安排满意时，单击【完成】按钮。这个功能使你能够完全控制工具的布局方式。

在第32~33页可以找到更多关于工具的信息

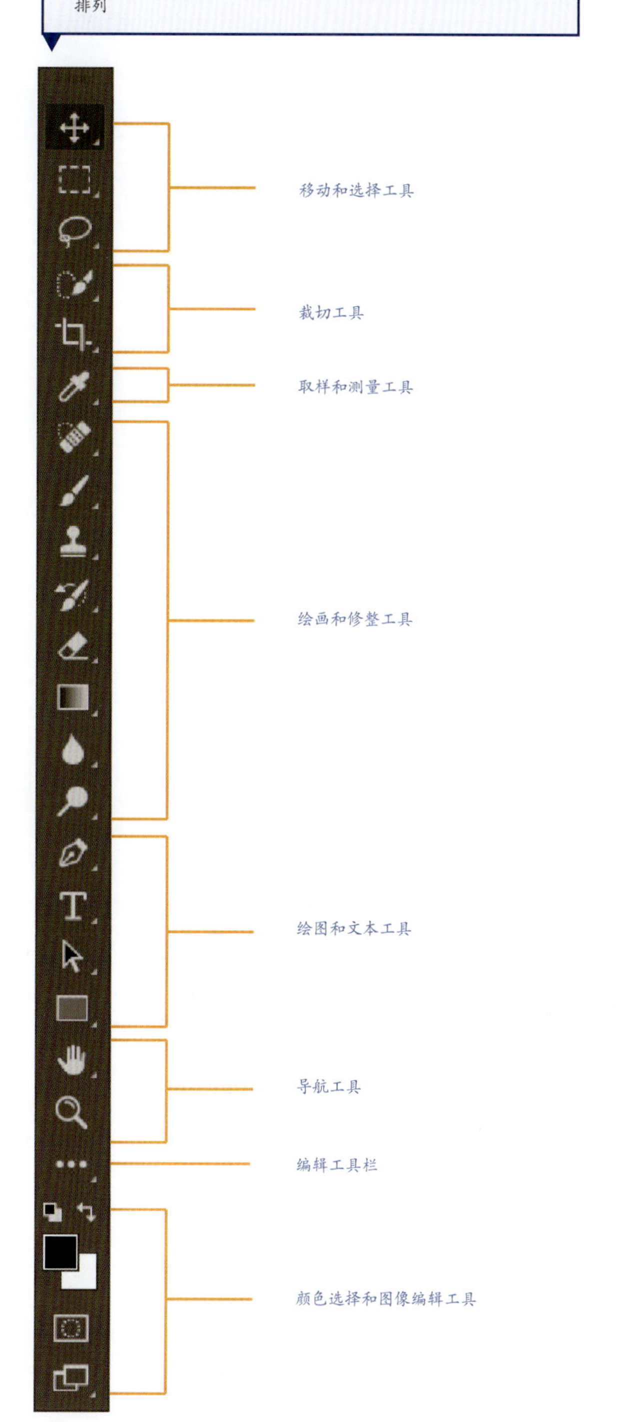

图层面板

图层面板位于工作区的右下角，是 Photoshop 工作区的一个重要方面。我们将在第 52~61 页详细讨论图层，在此对它的使用先做一个概括介绍：你可以把图层想象成一张绘图纸，它可以堆叠在一起，在一个场景中创造深度。想象一下，你有一个天空层，一个中景层，一个前景层。如果所有这些元素都在单独的层上，可以很方便地移动它们，并且能够在不影响场景其余部分的情况下应用更改，从而提高绘画的速度和效率。

图层面板是你可以选择和组织图层的地方。它会显示每个图层的缩略图，你可以简单地用鼠标单击来选择一个图层，或者单击【创建新图层】图标来添加一个新图层（如图所示）。图层也可以通过单击面板底部的文件夹图标来分组，该图标为【创建新组】，然后将图层拖曳到新组中。

在第52~61页可以找到更多关于图层的信息

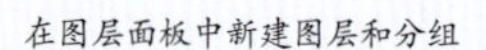

在图层面板中新建图层和分组

通道面板

通道面板位于图层面板的后面。你可以通过单击图层面板旁的【通道】标签来访问它（如图所示）。通道面板显示图像的颜色组成，例如，如果你在 RGB 颜色模式下工作，通道面板将显示完整的 RGB 合成通道缩略图，有红色通道、绿色通道、蓝色通道。

一个RGB合成的通道面板

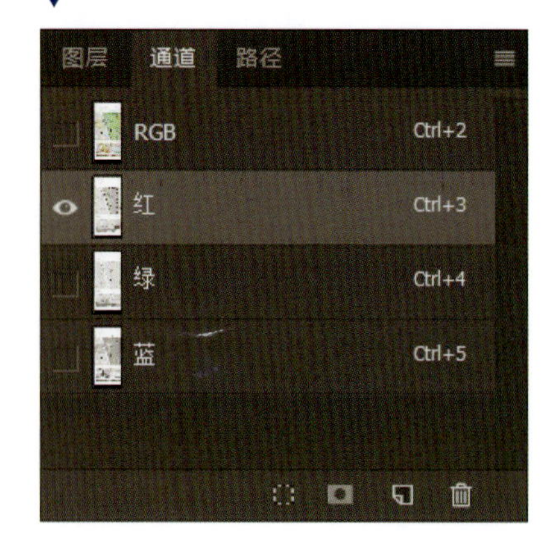

路径面板

路径面板位于通道面板和图层面板的后面，可以通过单击面板组顶部的【路径】标签来访问（如图所示）。路径是可调整的线条，如钢笔工具创建的线条。在路径面板中，这些行显示为工作路径（在面板中一次只有一个工作路径），你可以使用路径面板底部的图标以多种方式更改它。当你使用【钢笔】工具或【自定形状】工具时，你会用到路径面板。

画笔和画笔设置面板

在工作区的右侧，单击每一个与画笔相关的图标，你都可以访问画笔和画笔设置面板。

画笔面板

画笔面板可快速访问保存和预设的画笔，无论选择的工具是什么，都可以访问。单击画笔面板中存储的任意一个画笔，将切换到相应的画笔工具（如图所示）。

画笔设置面板

当你选择了一个绘画工具，比如画笔工具、涂抹工具，或者减淡工具，画笔设置面板是可以访问的。顾名思义，这个面板可以让你改变画笔的具体设置，包括画笔的纹理、噪点水平，以及画笔对触控笔压力的反应。单击画笔设置旁边的复选框，选择要应用于画笔的设置及其包含的子设置。如果单击设置的名称，面板将更改为显示子设置。常见的子设置包括笔尖的大小，画笔的标记或纹理如何在笔画中分布，当笔尖在画布上移动时画笔的角度和方向，以及画笔的抖动程度。这允许你在设置画笔的时候深入细节，精确地达到你想要的笔触效果（如图所示）。

画笔设置面板

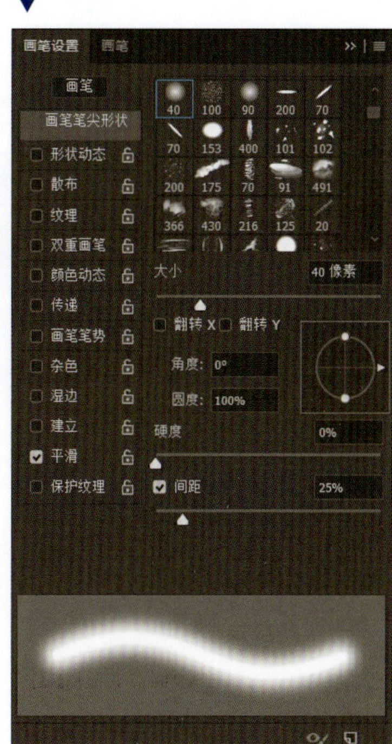

颜色和取色面板

在 Photoshop 中选择颜色有几种不同的方法。使用调色板图标标记的颜色面板位于工作区的右侧，是查看和选择绘画时颜色的一种常用方式。你可以单击右侧的色谱来选择一个通用的颜色，然后单击矩形颜色空间的某一区域来选择特定的色调。

位于颜色面板下方的Swatches面板使用网格图标进行标记。当你单击打开它时，会看到一排排的颜色或色板，显示你之前选择的颜色（第一次打开 Photoshop 时色板是空的）。第一行是你最近选择的颜色，这意味着你可以重复选择相同的颜色。

在颜色面板的左上角是一个图标，显示为前景色和背景色选择的颜色。对于数字绘画师来说，背景图层并没有像对其他 Photoshop 用户那么重要。前景色是非常重要的工具，如画笔工具和油漆桶工具加载时都会使用该颜色。

颜色选择

除了颜色和色板，你还可以使用颜色选择器和吸管工具来选择颜色。工具栏上是当前颜色选择的预览。第一次打开 Photoshop 时，用来做标记的前景色是黑色。要更改所选颜色，单击该框，将打开颜色选择器弹出窗口。当你关闭 Photoshop 并再次打开时，显示的将是你关闭前最后选择的颜色。

颜色选择器窗口打开后，你可以从光谱和颜色空间中选择一个新的颜色。当光标移动到窗口上方时，它会变成一个圆圈，但当光标移动到画布上方时，它会变成一个滴管。吸管工具可以从图像中选择颜色，你将在【拾色器】窗口中看到新选择的颜色，并被标记为【新的】，如果这是正确的颜色，你可以单击【确定】按钮。

取消选择 

当你还处于数字绘画学习的早期阶段时，最好用的一个功能是撤销。当你作画时，若想调整或删除任何你不满意的地方，你可以按快捷键Ctrl+Z撤销。这个操作会让你在这个过程中后退一步。按快捷键Ctrl+Alt+Z则可以连续撤销上一步或后退一步。

颜色面板

颜色选择器窗口

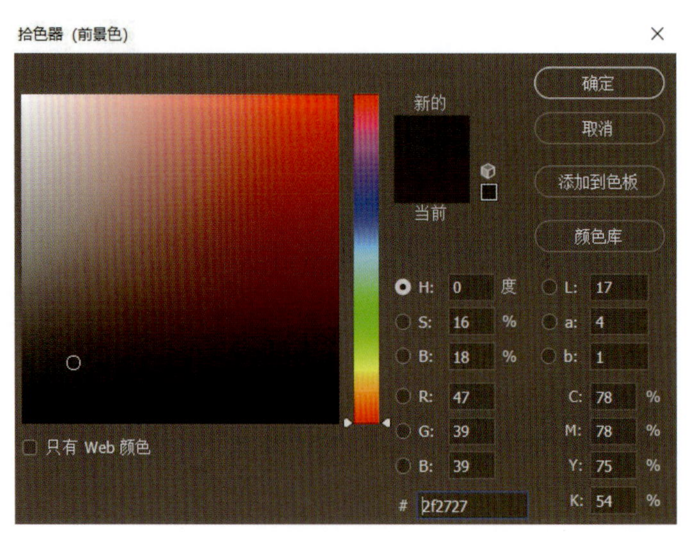

导航器面板

导航器面板

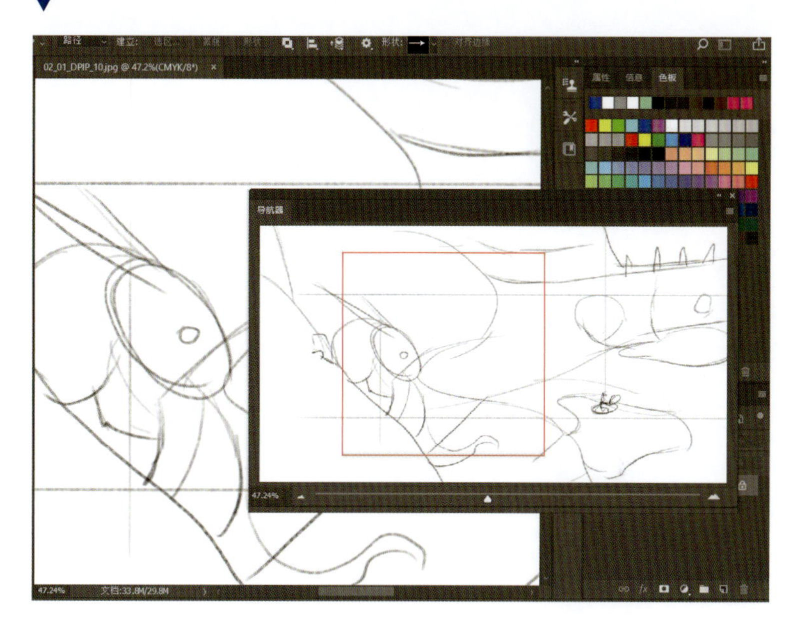

导航器面板位于工作区的右侧。它提供的是画布当前状态的缩略图预览。这种预览特别有用，当你需要放大局部图像处理艺术作品细节时，需要看到图像的整体情况，预览就派上用场了。因此，需要长时间处理图像时，导航面板非常有帮助（如图所示）。

导航器面板上红色框的内容即为在主工作区中可见的画布部分。当画布缩小，能在工作区看到整个画布时，红色框将在导航器面板缩略图的边缘。当画布放大，可以使用导航器面板的框来快速更改主工作区的显示画面。单击红色框，并拖动它到另一个区域，就能快速更改工作区显示画面。主工作区画布会进行调整以对应导航器选中的区域。你还可以通过在导航器缩略图预览中直接单击某一区域来快速将框架移动到特定的点，红色框和画布将跳转到新位置。如果你在主工作区中移动画布，导航器面板也会移动。

在面板底部能看到一个滑动条，你可以通过它把工作区放大或缩小。单击并拖动滑块从一边到另一边，可以更改缩放的比例，工作区中的画布将发生更改，导航器面板缩略图中的红色框也会实时更新区域。

历史记录面板

工作区右侧的历史记录面板（如图所示，用黄色标记）显示了你最近使用过的工具。可以使用它来选择以前使用的工具，还可以通过单击面板中列出的工具来判断这些工具对画面产生了什么效果。当你处理一个图像时，可以使用面板底部的相机图标对工作进行快照，缩略图视图能展示画面的进展情况。

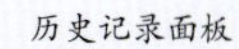

历史记录面板

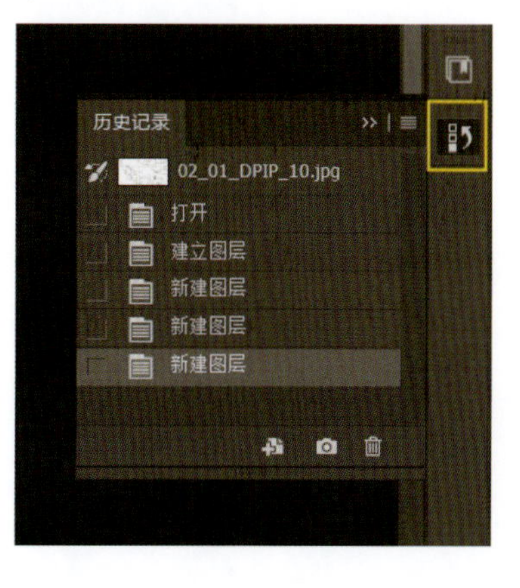

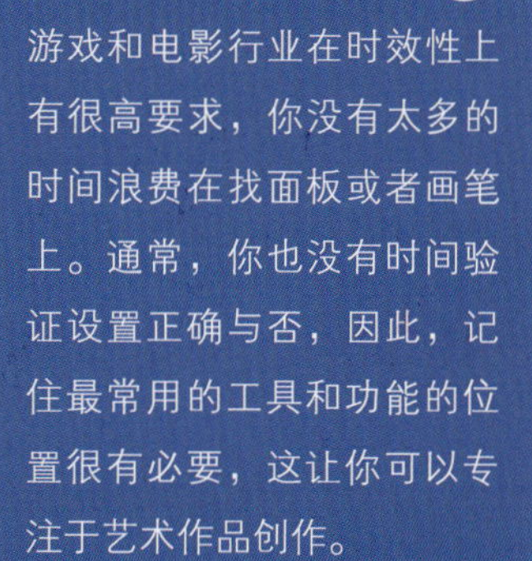

经验

游戏和电影行业在时效性上有很高要求，你没有太多的时间浪费在找面板或者画笔上。通常，你也没有时间验证设置正确与否，因此，记住最常用的工具和功能的位置很有必要，这让你可以专注于艺术作品创作。

自定义工作区

如何自定义你的工作空间，取决于你想要如何设置，这对你的工作方式很重要。有许多方法可以实现这一操作，比如使用前面提到过的预设工作区选项，或者设置自己的面板和面板组。删除不要的面板非常简单，单击相关面板右上角的菜单图标，将出现一个下拉菜单，选择【关闭】选项来删除面板。

要添加一个新的面板，单击顶部栏的【窗口】菜单，然后单击你想要显示的面板即可。

移动面板

可以根据喜好排列和分组面板，单击且不松开可以移动面板，将它拖到满意的位置松开鼠标即可。还可以将新面板与现有面板组合起来，或者将新面板添加到组中。方法是单击面板且不松开鼠标，把它拖动到其他组上，出现的蓝色框表示面板即将附着到的位置，松开鼠标，面板与组便合并了。

选择顶部栏上的【窗口】菜单，可以看到Photoshop中的所有面板

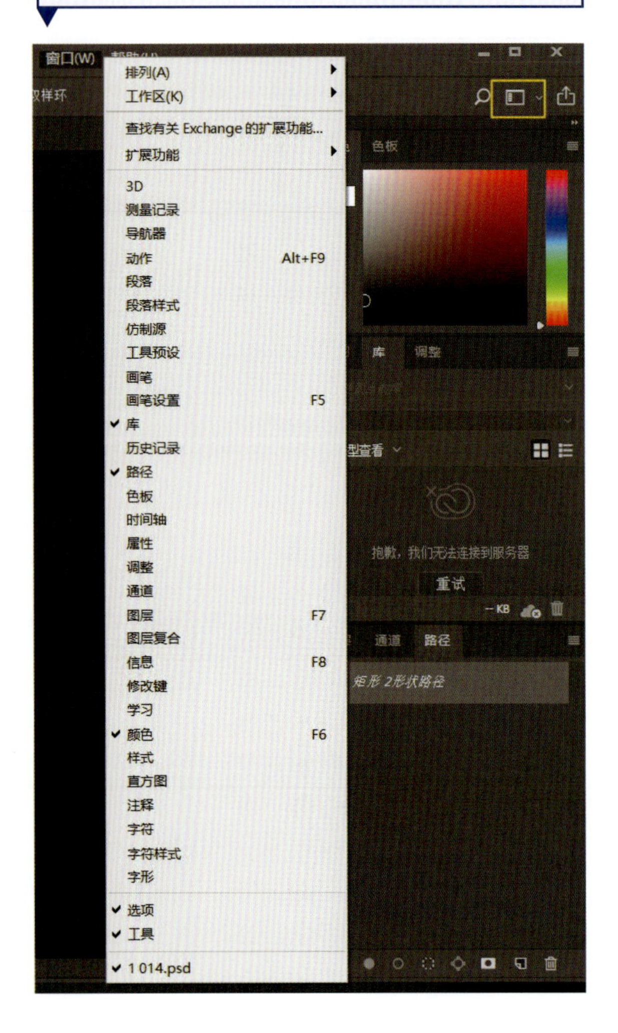

保存自定义工作区

你还可以将自定义工作区保存为预设，并根据不同的需要创建多个自定义工作区，这样做可以轻松地在这些工作区之间进行切换。你可以创建一个用于素描的工作区，另一个用于绘画，还有一个更简单的用于实验和娱乐。单击工作区右上角的屏幕图标（如图所示，以黄色突出显示），然后从菜单中选择【工作区】>【新建工作区】选项，在弹出窗口命名工作区并选择想要保存的任何附加功能，如键盘快捷键。单击【存储】按钮即可保存。当你打开、关闭或移动一个面板或工具时，Photoshop 会将更改保存到工作区。如果你关闭 Photoshop，下次再打开它的时候，面板和工具会是你最后保存的状态。

自定义面板在 Photoshop 中至关重要，所以不要害怕根据需要做出改变。

从【窗口】菜单中选择任一面板，它将出现在工作区的中心

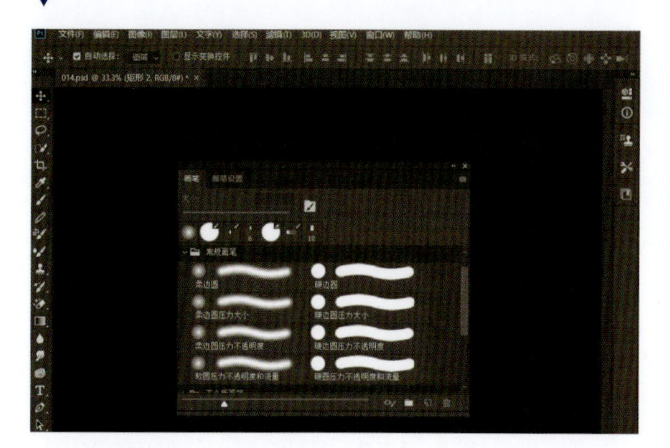

创建一个新的工作区

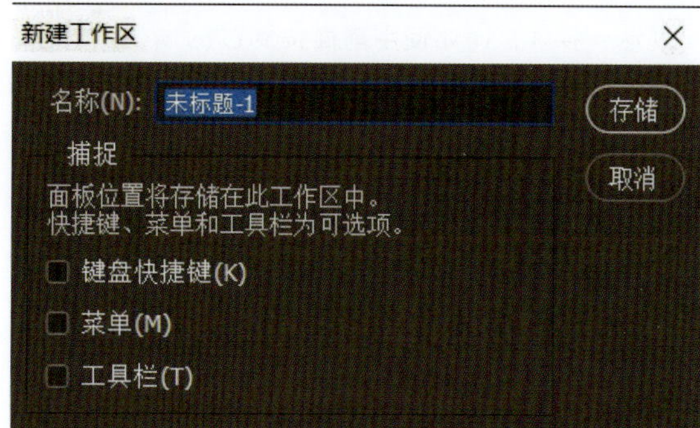

快捷键

进行数字绘画时，快捷方式能帮你节省大量时间。例如，快捷键 Ctrl+N 是立即创建一个新文件。在这本书中，你会看到 Photoshop 中关于已经内置的标准快捷方式的说明；不过，你也可以更改几乎所有现有的快捷方式，并创建自己的快捷方式。

要创建一个新的快捷方式，在顶部栏中，选择【编辑】>【键盘快捷键和菜单】选项，或使用现有的快捷键 Alt+Shift+Ctrl+K，将出现一个新的弹出窗口（如图所示），选择要新建的快捷方式应用到哪个部分，如应用程序菜单、面板菜单或工具。如果你选择工具，Photoshop 工具的列表会出现，所有现有的快捷方式都会被列出。可以通过单击工具名后更改，新快捷方式将被应用。

快捷方式能减少你搜索菜单和寻找工具的时间

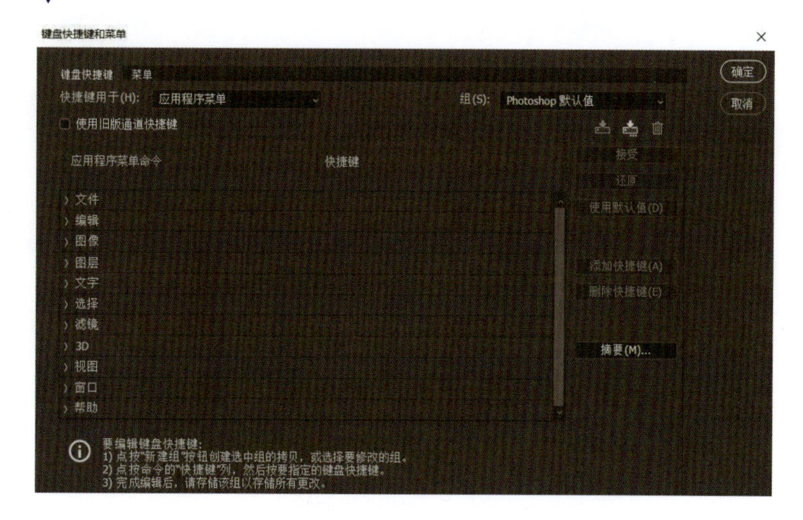

如果该快捷方式因已经存在而不可用时，会出现一条提示消息。在这种情况下，可以重新定义旧的快捷方式，或者创建一个新的组合形式。如果没有提醒，则新快捷方式可用，单击【确定】按钮即可。现在，你可以尝试使用快捷方式来提高工作效率。

工具

本节将指导你使用 Photoshop 中最常用的工具。你很快就会发现套索工具、移动工具和画笔工具（以及更多其他的工具），这些都是常用工具。你还将了解其他许多不太常用的工具，但它们可以用来提高作品的质量。一些工具的功能可能会随着 Photoshop 更新而变化和改进，所以在每次更新后都要密切关注这些变化。

下面是寻找工具的快捷方式。这些工具都与功能相似的其他工具在一个分组里。要访问组内的工具，请单击并按住相关组中的顶部工具以打开菜单，然后从列表中选择正确的工具。如果工具在同一组下面，则预设的快捷方式相同。

工具	图标	功能	预设快捷方式
移动工具		移动选区、元素和参考线	V
矩形选框工具		在矩形框架内建立选区	M
椭圆选框工具		在椭圆框架内建立选区	M
套索工具		徒手建立选区	L
多边形套索工具		使用直线建立选区	L
磁性套索工具		对齐元素边缘建立选区	L
魔棒工具		选择颜色相似的区域	W
快速选择工具		通过单击进行选择	W
裁剪工具		从图像的边缘裁剪	C

工具	图标	功能	预设快捷方式
切片工具		从图像内部进行切片	C
污点修复画笔工具		通过对周围像素进行采样去除瑕疵	J
修复画笔工具		工作原理类似于使用图像样本修复图案	J
修补工具		使用另一个克隆图像修复错误	J
画笔工具		像笔刷的绘画工具	B
铅笔工具		类似于铅笔的绘画工具	B
颜色替换工具		改变已绘制区域的颜色	B
仿制图章工具		使用图像样本制成的图章	S
图案图章工具		使用示例图像的模型图章	J

工具	说明	快捷键
历史记录画笔工具	能使画过的像素返回之前状态	Y
历史记录艺术画笔工具	使用样式化的画笔将像素返回之前状态	Y
橡皮擦工具	像真实的橡皮擦一样擦除像素	E
背景橡皮擦工具	清除透明背景上的像素	E
魔术橡皮擦工具	一键单击清除像素透明度	E
油漆桶工具	用纯色填充一个区域	G
渐变工具	创建不同颜色的混合色	G
涂抹工具	通过移动像素来模糊	Un
模糊工具	模糊边缘像素形成柔和的边缘	Un
锐化工具	通过增加像素对比度来锐化边缘	Un
减淡工具	减淡像素	O
加深工具	加深像素	O
海绵工具	增加或减少颜色饱和度	O
钢笔工具	使用可调整的标记绘制路径	P

工具	说明	快捷键
横排文字工具	添加文本到图像	T
路径选择工具	选择并调整完整路径的大小	A
直接选择工具	选择并改变路径的形状	A
自定形状工具	创建矢量的自定义形状	U
矩形工具	创建矢量的矩形形状	U
椭圆工具	创建矢量的椭圆形状	U
直线工具	创建矢量的直线形状	U
吸管工具	从像素中获取颜色样本	I
颜色取样器工具	提取多个区域的颜色样本	I
抓手工具	在工作区移动视图	H
缩放工具	支持放大或缩小画布	Z
设置前景色和背景色	设置前景色为黑色，背景色为白色	D
切换前景色和背景色	交换前景和背景的颜色	X
以快速蒙版模式编辑	建立图层蒙版	Q

Un Unassigned

常用绘画工具

画笔工具

画笔工具是必不可少的数字绘画工具，它是 Photoshop 中最强大的工具之一（如图所示）。你可以很轻松地使用画笔工具在画布上开始绘画。

有许多选项来调整画笔工具。例如，一个圆形的画笔可以被挤压成凿状的画笔，还可以给画笔添加纹理，将两个笔头结合，并添加属性如形状动力学、湿边、噪点等。可以满足你所有的需要。我们将在第 44~51 页更详细地讨论画笔。

画笔工具用于绘画，并可用于创建各种各样的笔触

矩形选框工具

矩形选框工具是 Photoshop 也是你的绘画工作中遇到的重要工具之一（如图所示）。它是一个基本的选择工具，可以用来选择几乎任何东西，包括图层的部分和照片。除了进行矩形选择，还可以按住 Shift 键在选择区域上拖动进行正方形选择，或按住 Alt 键从中心开始选择。你可以用颜料填充一个选区，或者用它来做一个蒙版，还有很多其他的功能。

可以使用矩形选框工具创建一个选区，作为裁剪图像的基础。要做到这一点，只需拖动工具在你想要裁剪的区域做出选择，然后按快捷键 C 切换到裁剪工具即可。选中的区域将被高亮显示，其他区域颜色略暗。如果你对这个裁剪区域满意，按回车键，然后单击选项栏上的【提交当前裁剪操作】，图像将被裁剪。

矩形选框工具可用于进行矩形或正方形选择

椭圆选框工具

椭圆选框工具是另一个选择工具，它的工作方式与矩形选框工具完全相同，但它是一个椭圆（如图所示）。当涉及汽车或道具的工业设计或绘画概念时，这是很有用的工具。例如，要绘制轮胎，只需单击椭圆选框工具并按住 Shift 键就能得到一个完美的圆形选区。如果在不按住 Shift 键的情况下绘制，将得到一个椭圆选区。

如果你需要在绘制选区的同时移动选区，按住空格键并移动选区即可。一旦释放空格键，选区将变为不可移动，拖动鼠标将增加或减少选区大小。

椭圆选框工具可以用来做椭圆或圆形的选择

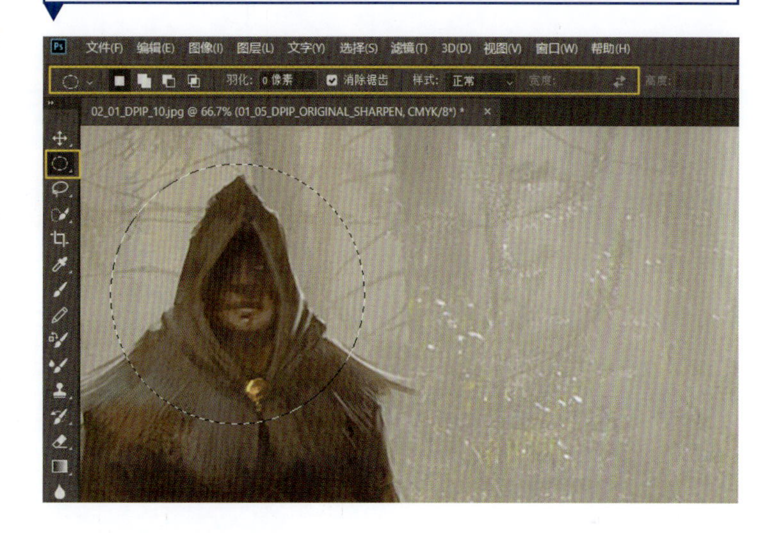

套索工具和多边形套索工具

套索工具是另一种形式的选择工具。套索工具和多边形套索工具最大的区别是，套索工具是徒手绘制选区，而多边形套索工具是用直线绘制选区。它们将成为你日常工作中必不可少的工具，因为它们为你提供了一个精确的选择，而不是一个大致的形状。你能选中任何想要选择的区域。

使用套索工具进行自由选择

使用多边形套索工具进行自由选择

移动工具

顾名思义，当你单击并拖动时，移动工具能移动任何你选择的元素。可以使用移动工具来调整或重塑一个元素，当在选项栏中选择【显示变换控件】选项时，该元素周围会出现标记。要按比例调整元素的大小，请在拖动标记时按住 Shift 键，使元素的边缘以相同的速度增加或减少。

这是调整构图的基本工具，无论你是需要放置文字，调整纹理大小，还是将设计元素移动到正确的位置……无论选择什么元素，移动工具都将以完全相同的方式工作。但是，请记住，如果用移动工具移动一个选区，当你移动它时，选区将被从图像中切掉，因为移动工具只对选定图层上的元素起作用，不会影响下面图层上的元素。

移动工具允许你移动和调整所选内容的大小

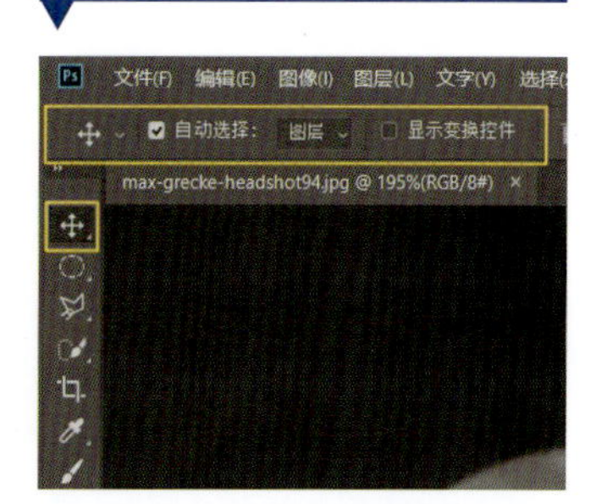

魔棒工具

此工具可以在快速选择工具组中找到，并允许你根据工具的设置选择颜色和类似的颜色。这个工具对快速选择图像或照片的颜色很有帮助。如果你想在某些区域上绘制，可以使用魔棒工具轻松地选择它们。

使用魔棒工具可以从工具栏中选择它，或者按 W 键。使用魔棒工具单击图像的一个部分，它会选择与你单击的区域颜色值相同的所有像素。要进行多次选择，只需按住 Shift 键，同时使用魔棒工具。若要删除魔棒工具的选区，在选区内单击即可。

魔棒工具可以用来快速选择包含相同颜色的区域

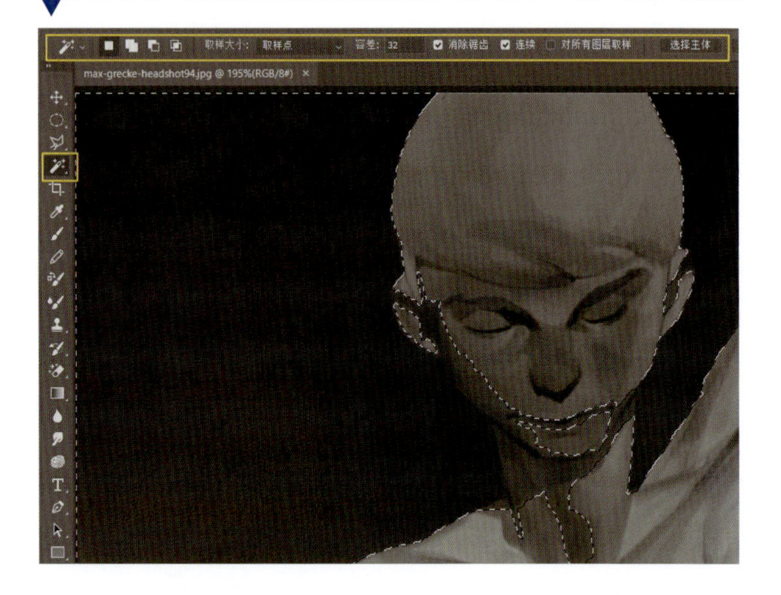

橡皮擦工具

Photoshop 的橡皮擦工具比现实世界中的同类工具要灵活得多，因为它可以用纹理擦掉铅笔的笔画，或者留下有趣的噪点效果。橡皮擦工具类似于画笔工具，因为它可以通过在画布上拖动来使用，也有足够的选项设置供你选择。

需要记住的是，如果你在背景层使用橡皮擦工具，橡皮擦将不会显示透明的背景；而是显示你在工具栏底部的前景 / 背景调色板中选择的背景颜色。

橡皮擦工具可以根据其设置以多种方式删除标记

渐变工具

当你为画面着色，在背景中遮挡或混合时，这个工具提供了大量选项来创建平滑的过渡。渐变工具可用于绘制线性、径向、角向、反射和菱形的渐变。然而，最常见的渐变是从前景到背景，从前景到透明。也可以有多种颜色在一个梯度内根据需要渐变。在选项栏中，你也可以选择反转一个渐变，当你想让一个特定的渐变从亮到暗的方向变得相反，这是很方便的。

要创建一个简单的渐变，选择渐变工具，然后在画布上拖动它（会出现一条线来标记方向）。渐变梯度将创建在你画的方向上。

渐变工具可以用来创建一个渐变的色调变化

涂抹工具

使用涂抹工具，你可以创建一些非常有趣的绘画效果。把涂抹工具想象成用你的拇指在画布上涂抹颜料。它可以被视为一个画笔或橡皮擦，这意味着你可以使用任何画笔作为涂抹工具。然而，你必须小心使用它，因为很容易造成混乱。

要感受一下涂抹工具，用画笔在画布上画出两种不同的颜色，然后选择涂抹工具，将其拖到画布上。使用涂抹工具设置，查看混合和涂抹是如何工作的。涂抹工具是那些需要花时间习惯才能产生自然效果的工具之一。

涂抹工具在画笔上的效果

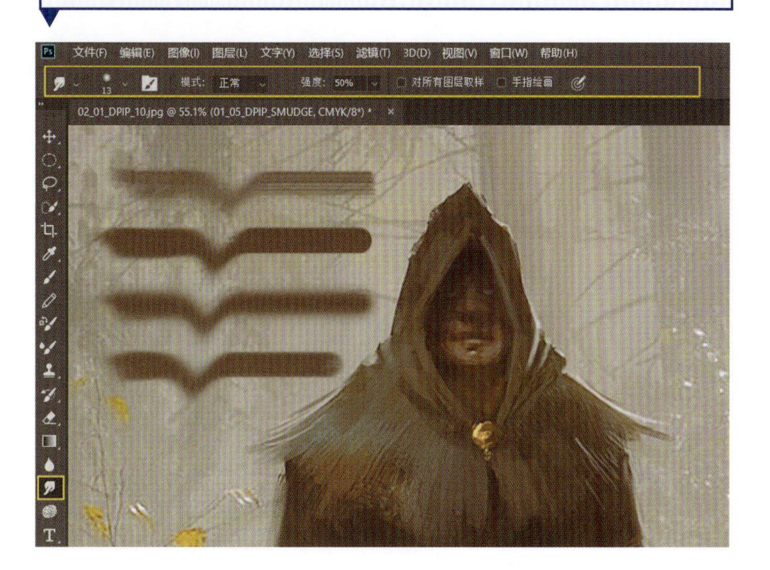

模糊和锐化工具

如果想给作品增加一些摄影效果，你可以使用模糊和锐化工具。清晰和模糊区域的混合创造了景深，当你试图实现电影效果时，这是非常有用的，这两个工具正好提供了这种感觉。模糊工具可以用来手动模糊一个区域，而锐化工具使像素看起来更清晰。这两种工具的好处之一是，它们可以用来匹配纹理，以适应绘画的整体风格。两者的工作方式相同，并且可以以与画笔相同的工作方式使用。

模糊工具可以用来模糊像素

锐化工具使像素更清晰

减淡和加深工具

减淡工具用来阻挡光线，可以模仿摄影师为照亮图像或照片的某些区域所做的事情。你必须记住，在传统摄影中，添加的光线越多，图像就越暗，反之亦然。因此，加深工具能创建暗色效果。要使用这些工具中的任何一种，只需选择这一工具并在画布上拖动它。

减淡工具效果

加深工具效果

海绵工具

海绵工具是一个被忽视的工具，在编辑照片或插图时，它有很大的作用。海绵工具可以针对插图或照片的特定区域进行饱和或稀释操作，必要时可加强或去除颜色。这个工具给你提供了很多选项，把某些元素添加到场景中，可以给你的作品带来活力。要使用此工具，请从工具栏中选择它，在选项栏中选择饱和或不饱和，然后在画布上拖动它。

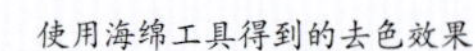

一幅随时可以修改的原画

使用海绵工具得到的去色效果

使用海绵工具得到的饱和效果

自定形状工具

顾名思义，自定形状工具用于创建可以反复使用的形状。对于数字绘画和插图，这是非常有用的工具之一，它完全基于矢量形状，这意味着调整大小或比例时没有质量损失。图形可以由任何东西构成：笔触、黑白图像、导入的矢量图形，以及更多的东西，只要它们可以转换成矢量。

这个工具用来对画作添加纹理非常方便。Photoshop 已经有一些可以使用和调整的标准形状，但是你也可以制作自己的形状。

在以后选择自定形状工具时，可以在选项栏设置中选择形状，并可以通过在画布上拖动工具来绘制。因为形状是基于矢量的，它可以被压缩、翻转，或者做任何尺度的变换，但不会失真。

自定形状工具允许从任何东西（包括笔画）创建形状，前提是它们是黑白矢量的

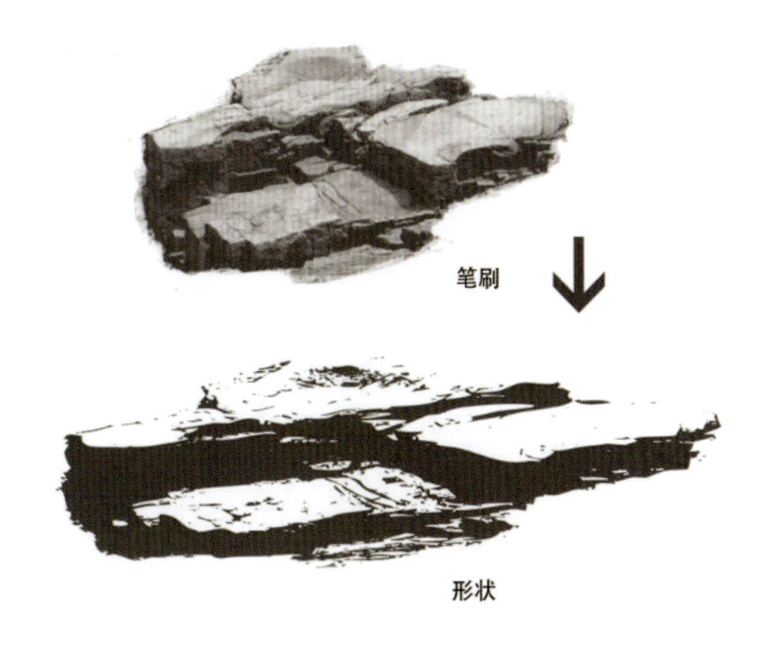

吸管工具

该工具使我们能够精确地从图像的像素中挑选颜色的信息，它将是你绘画时最常用的工具。在绘画中，会经常使用它来挑选特定区域的颜色。这个工具可以通过工具栏来选择，或者选择画笔工具之后按住 Alt 键，一个大的圆环图标就会弹出，显示吸管工具悬停处的像素颜色和数值。找到你想要的颜色后，释放画笔和 Alt 键，新颜色就选好了。

吸管工具取到的颜色样本可以与其他工具一起使用

图像调整和编辑

自由变换

自由变换工具是一个非常独特的用于图像处理和对象转换的通用工具。可以通过选择【编辑】>【自由变换】选项或按快捷键 Ctrl+T 访问该工具。当对图像选择自由变换时，图像边缘会出现标记。可以单击并拖动这些标记，通过右键或按住 Ctrl 键调整元素时，会出现一个菜单，包含多个选项以供选择，如缩放、旋转、斜切、扭曲、透视和变形。也可以进行多角度旋转，因此，自由变换是一个强大的工具，可以用来快速变换图像，以满足你的需求。

自由变换工具的菜单选项

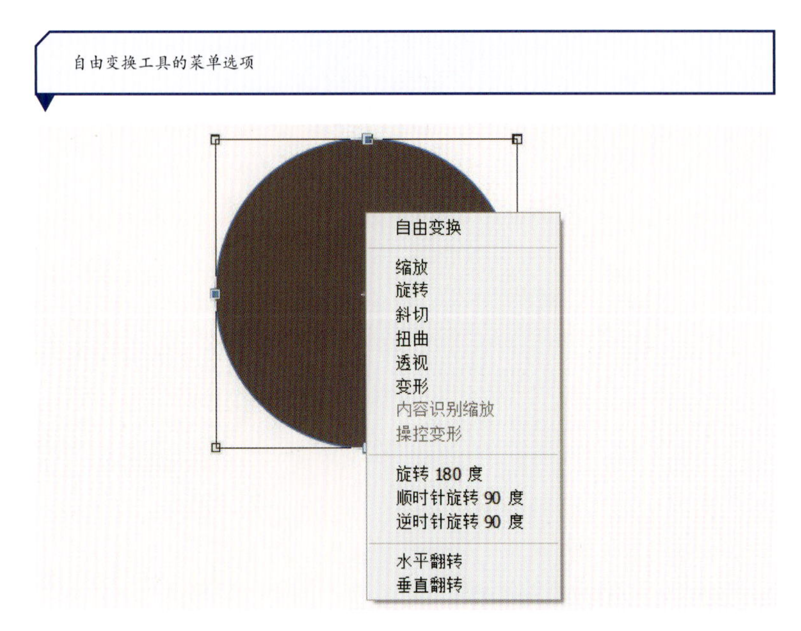

变换

变换工具在【编辑】>【自由变换】工具下边。两者的工作方式大致相同，但一次只能使用一个变换选项。这意味着你必须提前计划如何调整选择，并在开始工作之前决定是否对图像缩放、旋转、斜切或扭曲。

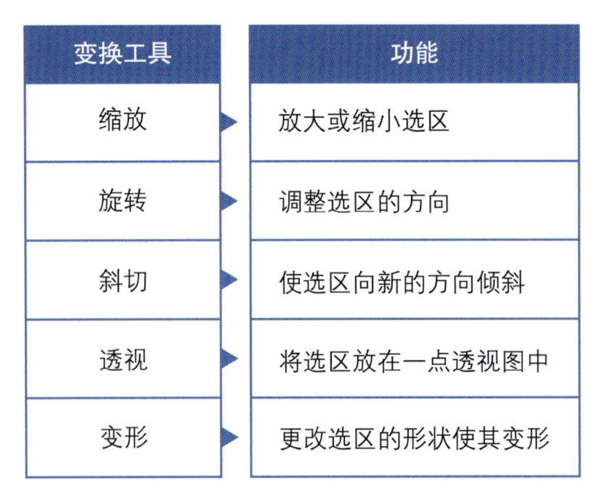

变换工具	功能
缩放	放大或缩小选区
旋转	调整选区的方向
斜切	使选区向新的方向倾斜
透视	将选区放在一点透视图中
变形	更改选区的形状使其变形

变换工具允许你选择特定的变换功能

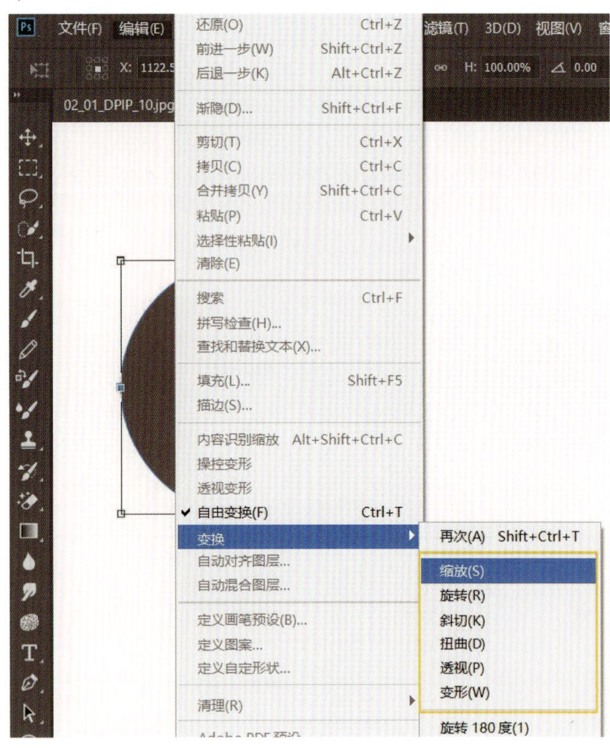

色阶

色阶是一个修正工具，用来修改和调整图像的色调范围。对图像的调整包括阴影、中间色调和高光。此调整工具可通过顶部栏选择【图像】>【调整】>【色阶】选项，或者按快捷键 Ctrl+L 打开【色阶】窗口进行校正。

弹出窗口显示图像的输入色阶直方图，以及用于修改阴影（左滑块）、中调（中滑块）和高光（右滑块）强度的三个滑块。通过移动这些滑块，可以调整图像中的色阶值对比度。输出色阶还有两个滑块，可以用来减少或增加黑白色调的值，能降低阴影或高光在图像中的强度。要确认修改单击【确定】按钮即可。

色阶调整可以用来改变图像的对比度

曲线

曲线能够以不同的方式改变图像的色调值。当色阶按比例改变图像的色调时，曲线调整能够选择要调整色调或值的哪一部分。该调整可以应用于某个选择或某一选定的层。

你可以通过选择【图像】>【调整】>【曲线】选项或按快捷键 Ctrl+M 找到曲线调整。弹出窗口将显示曲线图，左侧的最低点显示黑色区域，右上角显示白色区域。线条显示了白色和黑色之间的色调范围，可用来进行细微的调整。单击线条，标记就会出现，移动这些标记来改变色调。曲线是一种视觉功能，所以熟悉其工作原理的最佳方法是尝试使用它进行调整。根据自己的喜好调整好图像后，单击【确定】按钮接受修改即可。

曲线调整能够以特定的方式改变图像的色调

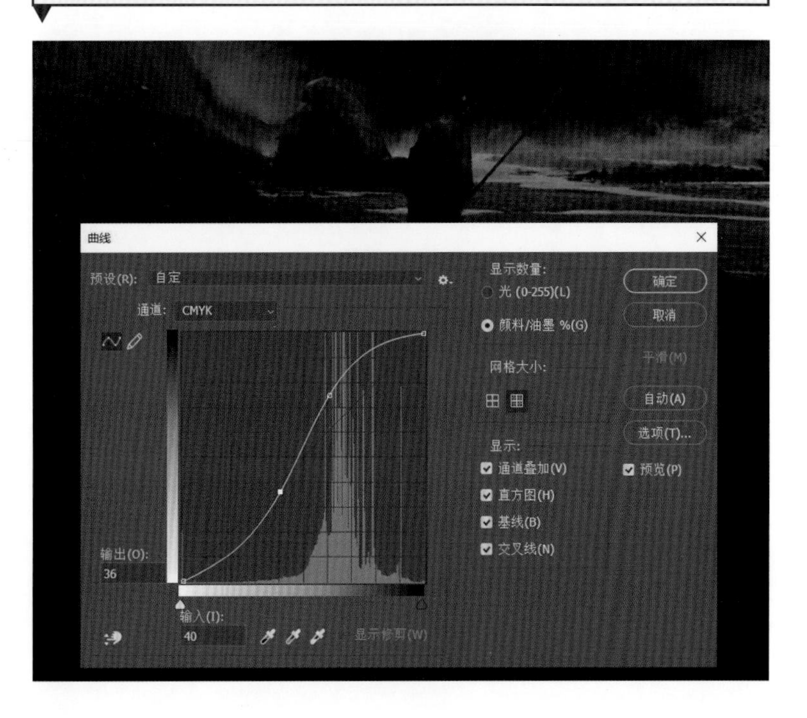

色彩平衡

色彩平衡工具在数字绘画调整时非常有用。在摄影或任何一种图像处理中，色彩平衡是对全局进行色彩调整。色彩平衡调整可以应用于高光、中间调和阴影。选择【图像】>【调整】>【色彩平衡】选项或按快捷键 Ctrl+B 打开。在弹出窗口中，从一边到另一边拖动青色、洋红或黄色滑块，以改变这些单独的主色调。

记住，如果你只是调整中间色调而不是阴影或高光，图像的外观可能会发生很大的变化。要在原色和它们的亮度之间保持平衡，否则，你可能会得到一张双渲染图。使用色彩平衡表达正确的色彩情绪或给作品一个整体的颜色主调，也是为你的概念创作或插图带来电影感觉的方法之一。

色彩平衡可用来戏剧性地改变不同色值的色彩

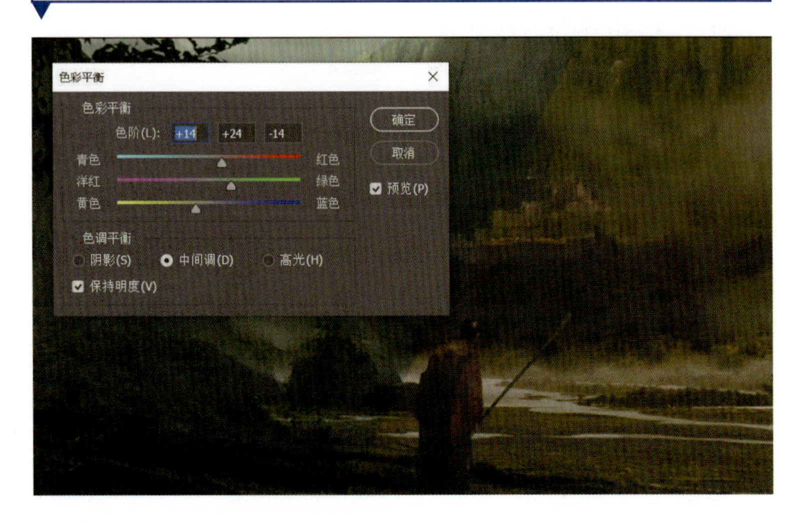

亮度 / 对比度

亮度/对比度调整没有快捷键，在【图像】>【调整】>【亮度/对比度】选项中打开。在弹出窗口中以拖动亮度和对比度滑块进行调整。亮度调整是为了校正图像的整体亮度。对比度是指不同物体和区域之间的亮度差异。此调整工具的功能实际上取决于你正在创建的图像的亮度，以及是否需要增加对比度进行快速修复。

亮度/对比度调整用来改变整体亮度和对比度

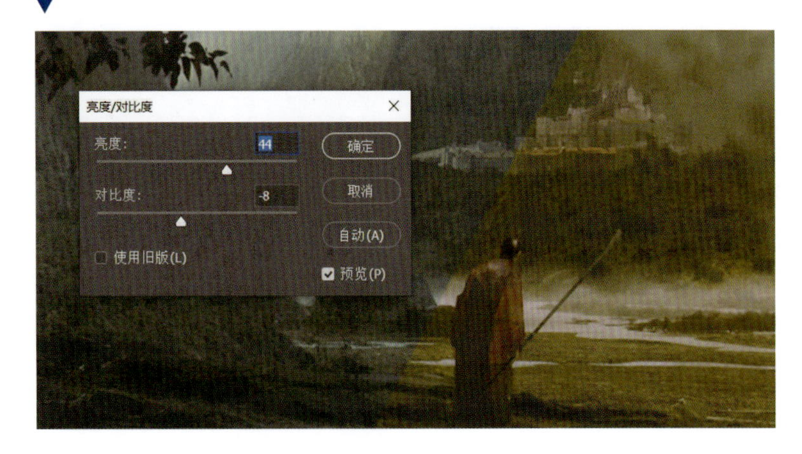

色相 / 饱和度

调整色相 / 饱和度可以减少工作量，但要得到正确的设置可能会很困难。它可以在插图中根据色调、饱和度和亮度来调整颜色。对插图色彩的整体丰富度做调整可以给外观带来有趣的变化。你可以通过快捷键 Ctrl+U 或选择【图像】>【调整】>【饱和度】选项打开工具，使用色相、饱和度和明度滑块来调整。你将看到弹出窗口显示可以为图像着色，这意味着你可以创建双色图像。

色相/饱和度调整使你能够通过色相、饱和度和明度来改变颜色的强度

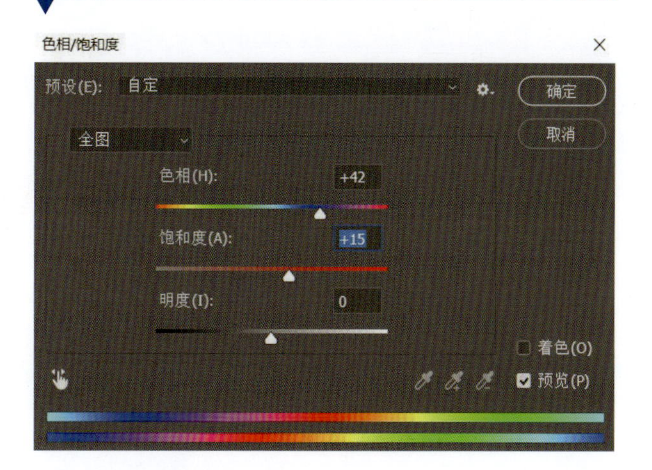

去色

去色调整与通过色相 / 饱和度调整提供的色彩调整非常相似，但是更容易管理。去色自动生成一个灰色调的图像或元素。然而，它不能控制对比度和亮度。要使用此调整，在顶部栏选择【图像】>【调整】>【去色】选项或使用快捷键 Ctrl+Shift+U。这时不会弹出窗口，因为去色工具是一个简单的命令函数。

去色调整将图像或选择部分转换为灰度

反相

顾名思义，反相调整能反转你选择的颜色、蒙版或整个插图。这种调整特别适用于灰度图像或简单的黑白图像。通过反相调整，你可以把一个大部分是黑色的图像变成大部分是白色的图像，反之亦然。按快捷键 Ctrl+I 或在顶部栏选择【图像】>【调整】>【反相】选项。同样，该操作没有弹出窗口，因为它也是一个基本的命令函数。

反相调整可以反转图像的色调，使之变成灰度图像

画笔

Photoshop 预设了大量的画笔。从简单的圆形画笔，到用油漆涂成厚层的笔刷，不一而足。数字画笔最大的优点是可以在几秒钟内自定义其行为和改变其功能。虽然数字画笔给人的感觉与传统画笔不同，但 Photoshop 在很多方面都做得很好，再现了传统画笔的各种特征及表现。对许多预设的画笔进行探索，使用完全不同的画笔效果创建图像是非常有趣的。在下面的章节中，你可以学到在专业制作过程中最常用的默认 Photoshop 画笔。请打开一个新的空白画布，感受一下这些画笔。

单击工具栏上的画笔工具，会有一系列不同类型的画笔可供使用。所有这些画笔都可以在画笔预设面板中找到（也可以在选项栏以及窗口中找到）。Photoshop 安装的默认画笔分为以下几个主题组：

- 常规画笔
- 干介质画笔
- 湿介质画笔
- 特殊效果画笔

除了 Photoshop 自带的标准画笔，你还可以创建自己的画笔。你也可以在网上购买其他的画笔包。

画笔组

当添加更多的画笔时，你可以通过右击画笔预设面板并选择新的画笔组来创建新组。还可以通过右击组并选【重命名组】选项为组重命名。

画笔预设面板中的画笔

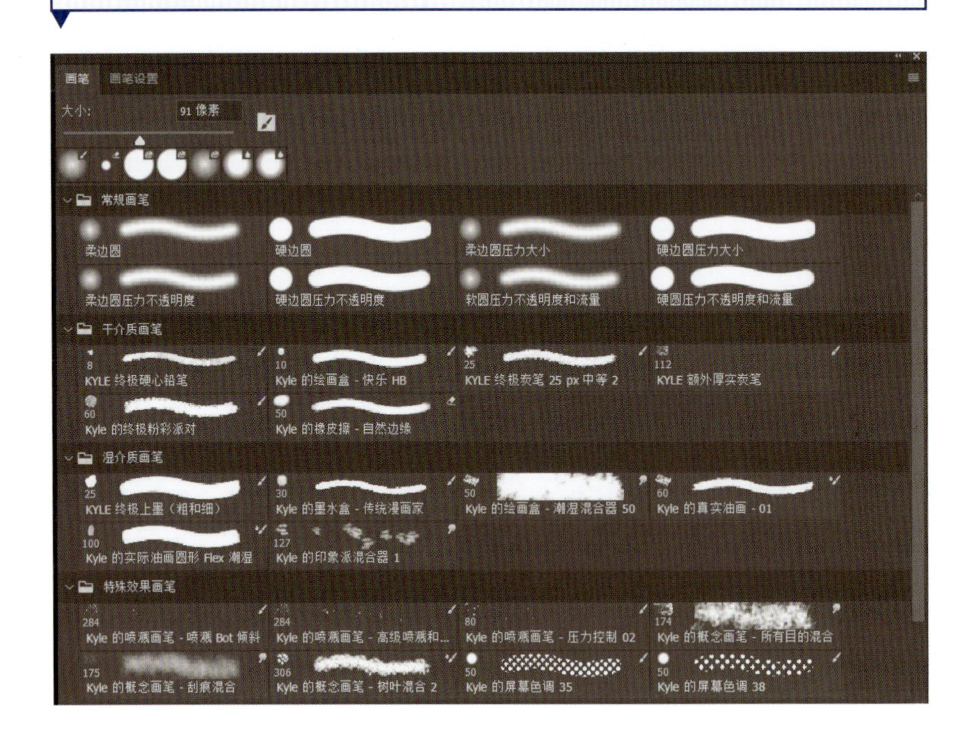

画笔设置

在 Photoshop 中，画笔有各种各样的设置，可以用来创建不同的绘画效果。通过更改和保存每个默认画笔的设置，你就能创建新的效果来满足需要。在画笔设置面板中有许多可以调整的设置，而且，当画笔工具被选中时，在选项栏上还有一些其他的快速设置选项。在画笔设置面板中，你可以找到改变画笔大小和硬度的选项；在选项栏中，你可以找到画笔不透明度、流量和平滑度的设置。右侧的表格，提供了这些设置的功能快速指南。

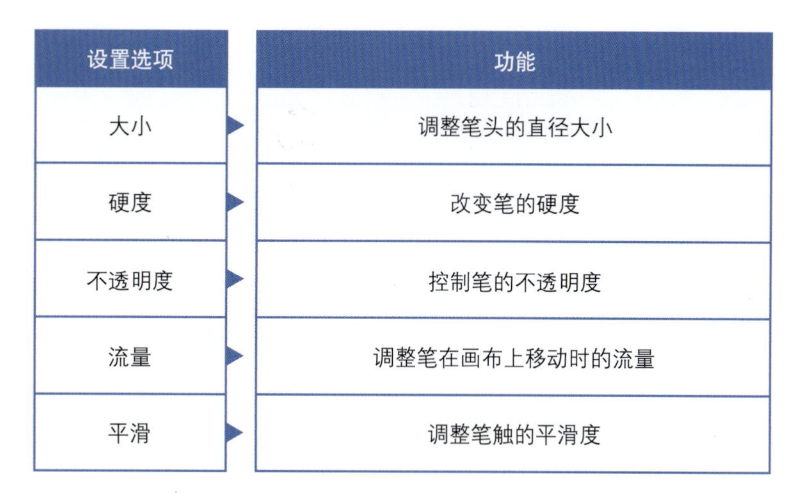

设置选项	功能
大小	调整笔头的直径大小
硬度	改变笔的硬度
不透明度	控制笔的不透明度
流量	调整笔在画布上移动时的流量
平滑	调整笔触的平滑度

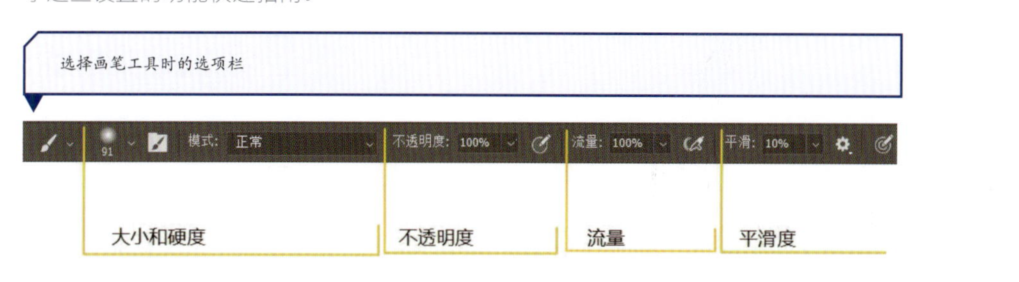

主要常规画笔

硬边圆画笔

硬边圆画笔是许多艺术家最基本和最常用的画笔。这个画笔是基础款，你可以选择添加纹理、潮湿的边缘、分散的动态或更多其他选项。每一个修改都会使画笔呈现稍微不同的外观和笔触。如果你刚刚开始学习数字绘画，这个画笔是一个很好的起步工具。

柔边圆画笔

柔边圆画笔非常类似于硬边圆画笔，只不过它可以用来创造更柔和的笔触。从一笔到另一笔的过渡并不难，因此，如果你想用简单的画笔来画一个区域，而不关心如何达到干净、清晰的边缘，那么柔边圆画笔是不错的选择。

主要干介质画笔

铅笔

顾名思义，这种类型的画笔模拟铅笔，右图显示的是该画笔的笔触。为了演示，这个画笔的尺寸设置得非常大，使用时建议选择小尺寸的画笔，它类似于普通铅笔的笔触，可以获得真实的效果。你可以增加画笔的透明度来减小压力，创造更轻的笔触。这将更逼真地重现铅笔的特性。

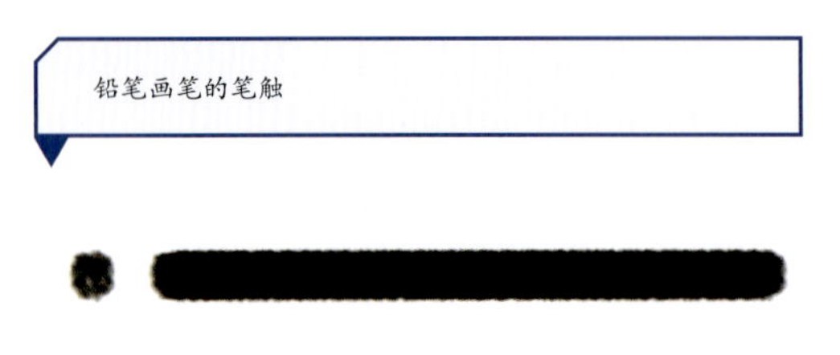

木炭

在干介质画笔组中你能发现这种高质感的画笔，它类似于另一种传统工具——木炭棒。该画笔模仿木炭，创造了一些意想不到的效果。因为这是Photoshop自带的基本画笔，所以建议你仔细研究，并尝试一些不同的改变，看看能产生什么效果。这样的实验可能会让你产生制作自定义画笔的想法，你将在第49页学习到如何操作。

主要湿介质画笔

墨水

这个画笔再现了油墨画笔的典型污点行为。它被设置为动态的形状来解释你的笔触强度。在第15页讨论过手绘板对数字绘画的重要作用，因为它再现了自然绘画的压力、角度和强度。你可以改变这个画笔的设置，但很可能会失去它的油墨效果。

真油

这是一个液体混合刷，它试图模拟真实的油漆刷。这个混合刷，可以混合两种或更多的颜色。这种类型的画笔值得花时间来尝试，可能也需要时间来适应。虽然它的功能很容易理解，但需要一些实践才能在概念画、草图或插图中很好地使用。

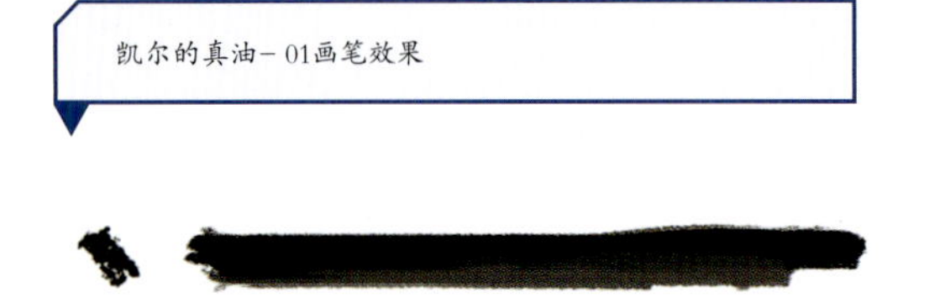

湿油

这个画笔类似于真实的 01 油刷，只在几个特定方面的设置有所不同。然而，这些小变化的影响是相当有趣的。它的笔触比真实的 01 油刷大，纹理和颜色的混合更平滑，透明度也更低，这对最终的画笔效果有很大影响。

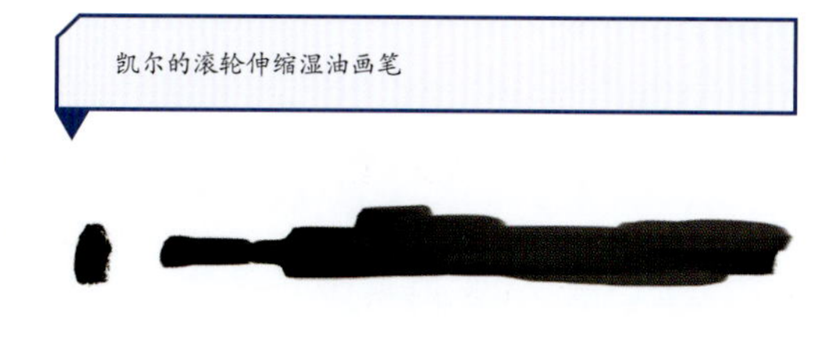

凯尔的滚轮伸缩湿油画笔

特殊效果画笔

喷溅

喷溅画笔创建的是一个抽象的飞溅效果，可以用来描绘粒子。这种画笔主要用于插图或概念画的最后润色，但它也可以为较大的艺术作品的平面、实心区域提供一些有趣的纹理。

凯尔的喷溅画笔的效果

树叶

这种画笔有一个有机的形状，可以用来画小的树篱、灌木，甚至整个丛林。此画笔也显示了定制画笔的潜力：你可以将这个画笔与不同的设置组合在一起，并极大地改变笔触。这使它成为 Photoshop 强大的默认画笔之一。

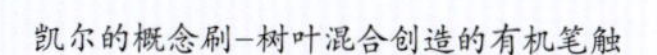

凯尔的概念刷–树叶混合创造的有机笔触

荧光

荧光画笔类似于旧式计算机图像上的屏幕显示。可以用来创作一些非常有趣的铅笔或黑白草图，也可以给你的画增加复古的效果。这些简单的画笔，在使用上却有很大潜力。

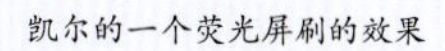

凯尔的一个荧光屏刷的效果

下载画笔

除了默认的 Photoshop 画笔，你还可以下载其他艺术家在网上创建和分享的画笔。这些画笔有些可以免费使用，有些也会收取少量费用。经常看看关于画笔的评论，能帮助你评估它们的功能。在下载之前，务必检查源代码是否可靠，是否可以安全使用。

在 Photoshop 中安装新画笔需要一个 ABR 文件（下载画笔时即包含这个文件）。ABR 文件包含添加画笔所需的所有信息，包括特定的画笔设置等。ABR 文件不局限于单个画笔，它们甚至可以包含一个完整的画笔组，所以不要因为只获得一个文件而失望。

在电脑上下载 ABR 文件后，你可以通过两种方式安装新画笔或画笔组。一种是选择【编辑】>【预设】>【预设管理器】选项。预设管理器窗口在屏幕上弹出后，你可以按提示载入画笔。

第二种方法是在工具栏中单击画笔工具，然后右击画布。画笔面板将出现在一个弹出窗口中，单击窗口右上角的工具图标，在下拉菜单中选择【导入画笔】选项。从设备中选择 ABR 文件，然后单击【导入】按钮即可导入新的画笔。这两种方式都可以让新的画笔出现在 Photoshop 画笔预设面板中，接下来你就可以使用它们了。

当你能较为熟练地使用Photoshop时，可以借助预设管理器增加更多新的画笔

调整画笔

默认画笔有默认设置，所以一旦你在画笔设置面板中更改了一个设置，你就创建了一个新的自定义画笔。单击画笔设置面板右上角的菜单图标，选择【新建画笔预设】，就可以保存新画笔了。这将打开一个弹出窗口，你可以命名画笔并保存它。但是，要避免创建非常大的画笔，因为在大画布上使用时，这些画笔会导致你的手写笔与屏幕上显示的动作之间出现延迟。

下载

记得搜索你想要添加的画笔的评论。在下载任何东西之前，请检查源代码是否有良好的信誉，以降低无意中下载病毒的风险。

自定义画笔

自定义画笔用于绘制特定的重复场景元素，如树木、云或远处的动物，是非常有用的，可以加快整个工作流程。自定义画笔在描绘风景或环境时特别有用，它可以通过制作基本的笔触来快速指示一个元素，或者可以简单地用作一个实体区域的纹理。如果你没有很多时间来构想一个完整场景的大致概念，自定义画笔非常便于提高你的日常工作效率。

为了创建一个全新的自定义画笔，以满足你的个人需要，你可以使用任何东西，从图像到简单的画笔组合，都可以捕获并转换成一个单独的笔头。你甚至可以更改现有画笔的设置，以创建最简单形式的自定义画笔。画笔可以模仿任何东西：建筑物、汽车、人、岩石、山脉、树木，或特定的表面纹理，在自定义画笔时没有任何限制。

如何制作自定义画笔：

01

找到一个你想将它变成笔头的图像。在本例中，使用了岩石图像（见图 01a）。如上所述，自定义画笔可以使用任何东西，你可以很容易地使用结构或纹理的照片来制作有趣的自定义画笔。

从照片创建画笔的第一步是将图像转换为灰度，因为画笔总是基于灰色、黑色和白色的值。为此，使用快速选择工具选择图像（在工具栏上找到它或按 W 键，然后用工具单击来选中岩石）。一条移动的线将提示岩石何时被选中，你现在可以按快捷键 Ctrl+U 或选择【图像】>【调整】>【色相 / 饱和度】选项。将出现一个色相 / 饱和度弹出窗口（见图 01b），你可以通过向左移动饱和度滑块来转换图像，图像将以灰度显示，单击【确定】按钮完成动作。

01a 岩石的图像可以用来制作有纹理的自定义画笔

01b 使用色调/饱和度使图像灰度化

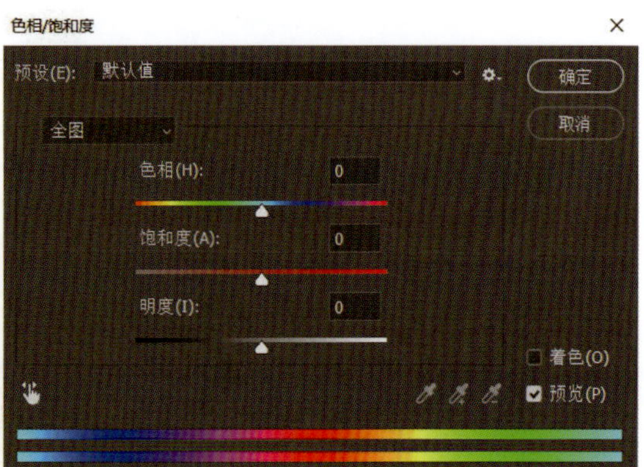

02

现在可以删除图像中不需要的元素了（见图 02a）。要删除没有转换成灰度的元素，只需选择橡皮擦工具并删除它们。

这里显示的灰度图像不包含理想的那么多对比度。当图像转换成画笔时，白色区域将完全透明，而黑色区域将完全不透明。它们之间的每一个灰色阴影都会根据图像的值逐渐改变画笔的不透明度。因此，一个低对比度的图像将创建一个平坦且纹理较少的画笔。增加对比度将出现一些不错的纹理结构。

要调整图像的对比度，可以选择【图像】>【调整】>【色阶】选项或按快捷键 Ctrl+L，将出现一个新的色阶弹出窗口（见图 02b）。在输入色阶下移动黑色、白色和灰色的滑动条来增加图像的对比度，你将在画布上看到实时调整效果。对比度达到满意效果时，单击【确定】按钮完成调整。创建用来添加纹理的画笔，可以通过擦去硬边以形成更柔软的边缘，因为硬边会产生一种不自然的外观（见图 02c）。你可以使用橡皮擦工具 (E) 完成这一操作。

02a 使用橡皮擦去除场景中不需要的元素

02b 色阶可以用来创造更大的对比度

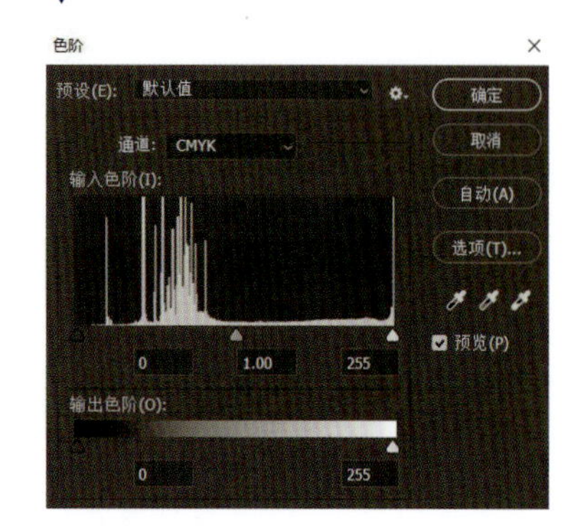

02c 用橡皮擦去硬边来柔化边缘

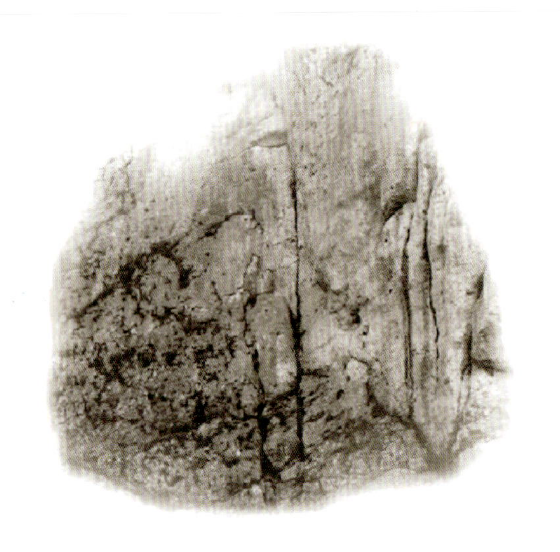

03

当你对图像的整体外观满意时，从顶部栏中选择【编辑】选项，向下滚动找到【定义画笔预设】选项（见图03a）。在弹出窗口中为画笔命名（见图03b）。完成后单击【确定】按钮将图像保存为自定义画笔。

可以使用画笔设置面板给画笔添加纹理。画笔的形状和纹理可以通过画笔设置添加到新的自定义画笔中。为此，单击复选框并从面板中列出的画笔预设选项中选择画笔。勾选【不透明度】【流量】和【平滑】选项，每一个设置都会改变你的新画笔。

当你想使用自定义画笔进行绘制时，选择【画笔】工具，你会发现你的新画笔保存在画笔预设面板中。画笔可以用来在更大的表面上绘制一个斑驳的纹理（见图03c）。

熟能生巧

在当前所有的进步中，你不应该忘记一个概念艺术家最重要的工具，那就是你的大脑。迄今为止，在你的大脑和表达之间最简单、最直接的联系可能是一支铅笔和一张纸。通过实践和大量的时间你将会发现，在数字绘画中表达一个想法变得越来越容易。

03a 选择【定义画笔预设】

菜单项	快捷键
还原画笔工具(O)	Ctrl+Z
前进一步(W)	Shift+Ctrl+Z
后退一步(K)	Alt+Ctrl+Z
渐隐(D)...	Shift+Ctrl+F
剪切(T)	Ctrl+X
拷贝(C)	Ctrl+C
合并拷贝(Y)	Shift+Ctrl+C
粘贴(P)	Ctrl+V
选择性粘贴(I)	▶
清除(E)	
搜索	Ctrl+F
拼写检查(H)...	
查找和替换文本(X)...	
填充(L)...	Shift+F5
描边(S)...	
内容识别缩放	Alt+Shift+Ctrl+C
操控变形	
透视变形	
自由变换(F)	Ctrl+T
变换	▶
自动对齐图层...	
自动混合图层...	
定义画笔预设(B)...	
定义图案...	
定义自定形状...	
清理(R)	▶
Adobe PDF 预设...	
预设	▶
远程连接...	
颜色设置(G)...	Shift+Ctrl+K
指定配置文件...	
转换为配置文件(V)...	
键盘快捷键...	Alt+Shift+Ctrl+K
菜单(U)...	Alt+Shift+Ctrl+M
工具栏...	
首选项(N)	▶

03b 为画笔命名并保存

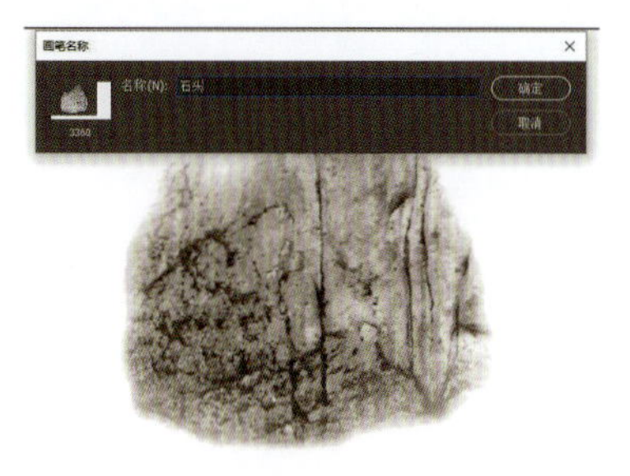

03c 绘制更大面积的纹理

图层

图层是 Photoshop 的主要构件之一，这使它成为一个强大的、有创造性的、灵活的工具。图层使你能够快速地改变图像中的元素，而不影响周围的画面；能让你进行临时更改以测试新的想法，还能让其他人在后期的生产过程中对图像进行更改。本节将提供图层的概述，你将了解它们是什么，如何使用，以及有哪些可供使用的不同的层模式。

图层概述

图层是一个透明的数字页面，它被添加到原始画布的顶部（称为背景层），在你的场景中绘制一个独立的元素。你可以有任意多的图层堆叠在一起，它们看起来就像在同一个画布上。你可以把图层想象成传统的动画：一个场景的片段被画在一张醋酸盐板上，当它们堆叠在一起时，就形成了一个完整的场景。第一层包含前景中的树，第二层包含一些生物，等等。可以在单个图层上存在多个元素，也可以为每个元素创建单独的层。通过这种方式，大量的信息被添加到图像中，但它们仍然是孤立的和可变化的。

图层可以在位于工作区右侧的【图层】面板中找到。添加到你的插图的图层数量是没有限制的，正如你在第 26 页学到的，图层可以在【图层】面板中移动，因此图像结构可以重新排序，Photoshop 也为你提供了不同类型的图层。除此之外，Photoshop 中的图层也可以通过不同的模式和调整进行修改，蒙版可以应用到单独的图层上，图层显示可以通过一个眼睛形状的图标临时关闭或打开。右侧表格是【图层】面板中的主要图层函数，图层是数字绘画的一个关键方面，并提供了许多绘画的可能性。

【图层】面板显示每个图层的缩略图，你可以在这里组织图层

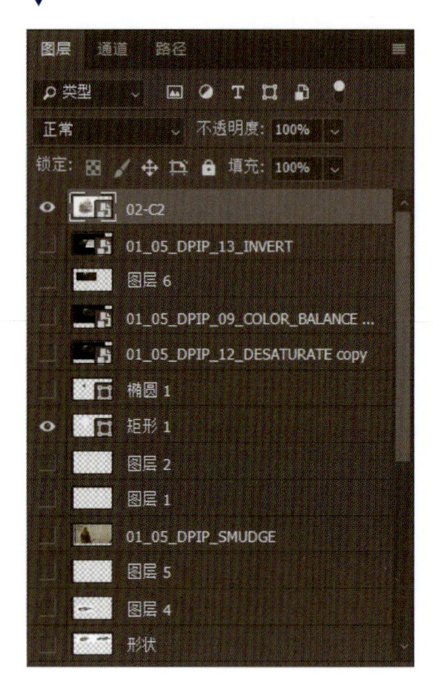

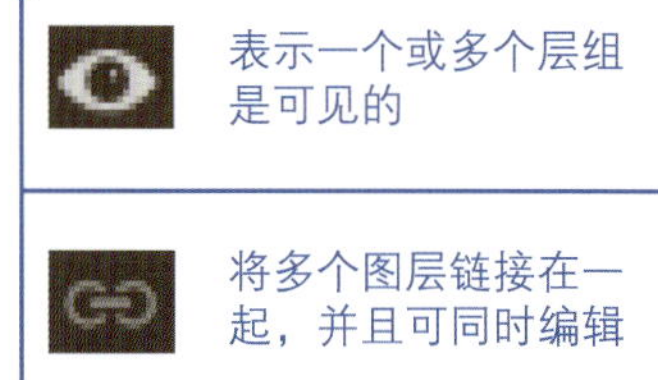

图标	功能
	表示一个或多个层组是可见的
	将多个图层链接在一起，并且可同时编辑
	添加图层蒙版
	创建新图层组或将选中的图层合并为新组
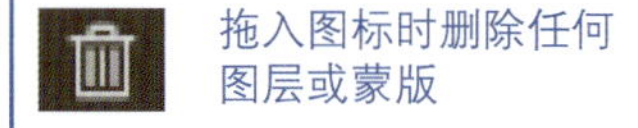	拖入图标时删除任何图层或蒙版
	将图层中的像素锁定且不可编辑
fx	添加一个特殊的滤镜或将效果应用到图层
	创建新的填充或调整图层
	创建一个新图层

图层类型

Photoshop 提供了几种不同的图层，可以用来调整和增强你的作品。正如前面提到的，所有图层，无论其类型如何，都可以添加到画布中，堆叠在一起，并存储在工作区的【图层】面板中。下面是对每个图层类型及其执行的功能的简要介绍。

图像图层

图像图层是标准的 Photoshop 图层，所以当提到一个图层时，通常指的是图像图层。图像图层本质上是一个清晰的醋酸薄板的数字版本，允许你写或画一个元素，改变一个场景的外观，而不影响其他不同图层上画过的东西。

在 Photoshop 中，你可以创建空白图层并向其中添加图像，或者通过复制并粘贴图像到 Photoshop 画布中来创建图像图层。只要你的电脑内存允许，你可以有无数图像图层。你可以通过按快捷键 Shift+Ctrl+N，或单击【图层】面板底部的【创建新图层】的折叠纸图标，或者选择工具栏中【图层】>【新建】>【图层】选项，在 Photoshop 中创建一个新的图像图层。

填充图层

填充图层，顾名思义，是用纯色、渐变或图案填充的图层。可以使用填充图层对图像的外观进行非常快速的更改。你可以编辑、重新排列、复制、删除和合并填充图层，也可以通过【图层】面板上的不透明度和混合模式选项将填充图层与其他图层混合。添加一个填充图层，可选择【图层】>【新建填充图层】选项，并选择纯色、渐变或图案。你也可以通过单击【图层】面板上的【创建新的填充或调整图层】图标来添加填充图层，填充图层选项将出现在菜单的顶部。

形状图层

一旦你从工具栏中选择一个形状工具，比如【矩形】工具或【椭圆】工具，并将其拖放到画布上，Photoshop 将自动创建一个形状图层。这些形状是基于矢量的，这意味着它们在转换或编辑时不会失去质量。和其他类型的图层一样，你可以调整形状图层的混合模式和不透明度，也可以通过双击图层面板的缩略图来编辑形状的颜色。

要对形状图层应用过滤器，必须将形状转换为智能对象或基于像素的图像。为此，在【图层】面板中右击【形状图层】，选择【转换为智能对象】选项，或者右击【形状图层】，选择【栅格化图层】选项即可。

调整图层

调整图层是一种特殊的图层，用于修改颜色、对比度、图层次，以及更多关于图像的色调和值的操作。使用调整图层进行任何类型的校正，而不是直接在图层上应用调整，其优点是可以在任何时候编辑这些调整而不影响原始图像。

调整图层仅对其下面的图层应用校正。你可以添加一个调整图层，选择【图层】>【新建调整图层】选项，然后选择一种类型进行调整，或在【图层】面板底部单击黑白圆圈的【创建新的填充或调整图层】图标。

类型图层

如果你想添加文本或类型到你的画作，你所要做的就是选择【横排文字】工具，单击画布，然后简单地输入，会自动创建一个新的类型图层。可以通过面板设置，比如字体、颜色和大小。在【图层】面板上，类型图层用 T 图标显示。

在这张【图层】面板的图片中，你可以看到类型图层、形状图层、填充图层和一个层叠在背景层上的调整图层

在多个图层上工作

作为一个数字绘画师，使用图层来创作艺术品将会给你带来巨大的优势。电影产业就是最好的例子，使用多个图层创建一个有效的形象，这种电影数字绘画风格称为亚光绘画。在亚光绘画中，多图层是必不可少的。这对于元素的迭代和对颜色的小调整特别有用。想象一个大的工作室环境，许多人在不同的部门工作，需要使用并编辑同一个艺术作品文件。至关重要的是，这些同事调整图像一同推进工作。因此，文件中的图层需要足够灵活和有良好的组织。在为其他行业创作插图和数字绘画时，尽可能地分层也是必要的，因为艺术总监改变主意是很常见的，甚至有时艺术家不得不对一幅画的整个区域进行返工。通过双击层名为层需命名很有用，特别是当你有大量的图层时。

为了生产，像这样的亚光绘画需要保持多层完整的图层面板

图层组

在 Photoshop 中对图层进行分组是最有用的方法之一，对专业人员来说尤其重要，因为一个组织良好的文件，便于你的同事在后期的生产流水线中找到特定的图层和元素。根据工作需要，一个插图或绘画可能有数百层。单独标记所有的图层会很耗时，使用图层组可以区分相关层的集群，根据所包含的图层及其混合模式，所有图层组都是完全可修改的。

你可以通过单击【图层】面板中的相关图层，然后选择【图层】>【图层编组】选项或者使用快捷键 Ctrl+G 来创建一个图层组。

你也可以通过选择图层并单击【图层】面板底部的文件夹图标【创建新组】来对图层进行分组。当图层在一个组中，它们将被缩进图层面板用一个文件夹图标显示，一个箭头显示或隐藏组的内容。这可以帮助你在工作时一次专注于一个小组，以免工作空间变得过于拥挤。

使用图层和图层组旁边的眼睛图标可以关闭整个图层组的可见性，或者根据你的需要打开图层组，让每个图层不可见或可见。

图层组很容易创建，并可以使你的工作空间有条理

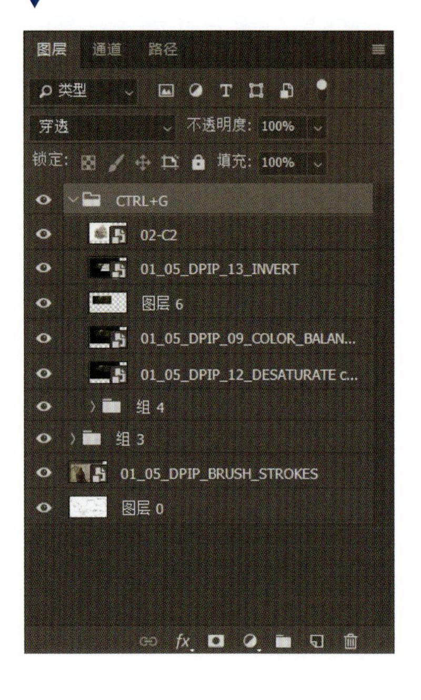

合并图层

如果想要将多个图层合并成一个单层，你可以选择将其拼合或者合并。当你正在处理许多已经完成的图层时（如客户已批准的最终插图），合并图层会很有用。在组合一个图像的图层之前，你应该确保将来不会再对图层做任何修改，因为删除图层会被限制。

向下合并

在 Photoshop 中有多种方法来拼合和合并图层。一种方法是使用【向下合并】选项将选定的图层压扁到下面的图层中。在【图层】面板中选择要合并的图层，然后按快捷键 Ctrl+E 或选择【图层】>【向下合并】选项，选择的图层将直接合并到它下面的图层中，此方法可用于任何类型的图层。

合并可见图层

你还可以选择合并可见图层，这将只合并可见的层到层堆栈底部。隐藏的层将保持原样，并且仍然可以编辑，因此如果你认为还有可能对某些层进行更改，那么这是一个更安全的选择。你仍然可以编辑合并的图层，但是当可见图层上的元素不再分离时，继续绘制图像将变得更加困难。合并可见图层使用快捷键 Shift+Ctrl+E 或选择【图层】>【合并可见图层】选项。

拼合图像

将图层拼合成单层图像的选项没有预设的快捷方式，但建议你创建一个这样的选项，因为这是最实用的拼合图像的方法。当你选择这个选项时，每一个单层，不管是否可见，都将被压扁为单一的背景层。使用此方法时要小心，尽管可以使用撤销选项，但根据所选择的图层模式和图层混合，会很难实现完全的反转。要使图像拼合，可以选择【图层】>【拼合图像】选项。

合并图层的选项在顶部菜单上可以找到

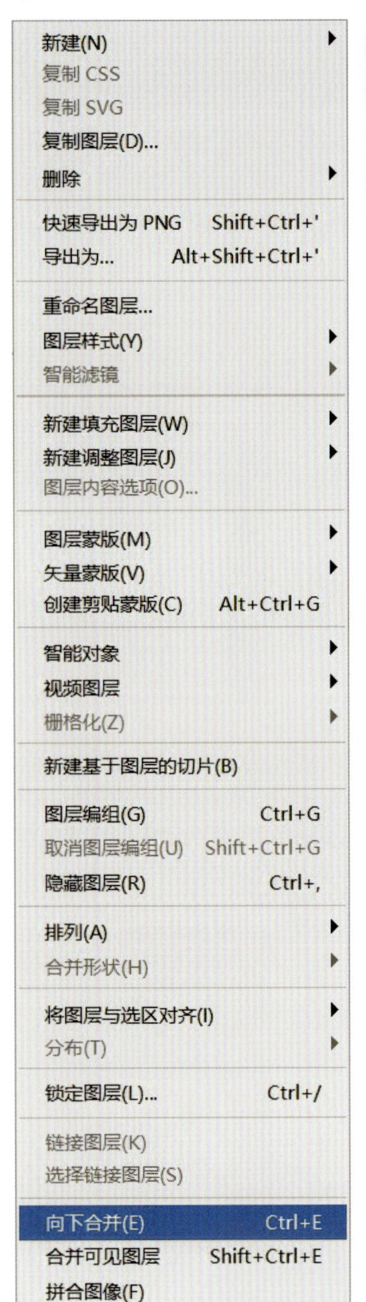

原始图层

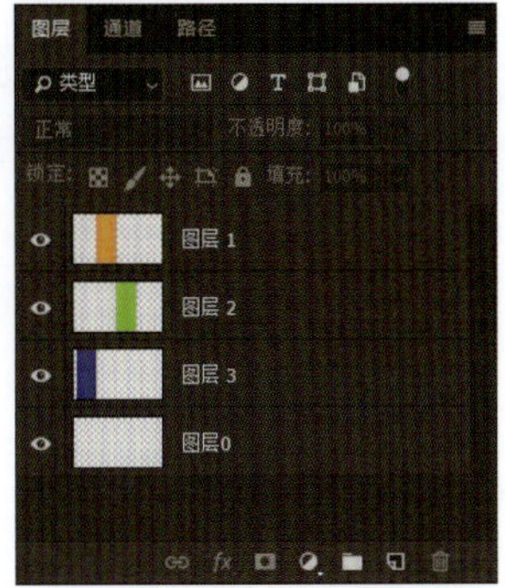

向下合并图层

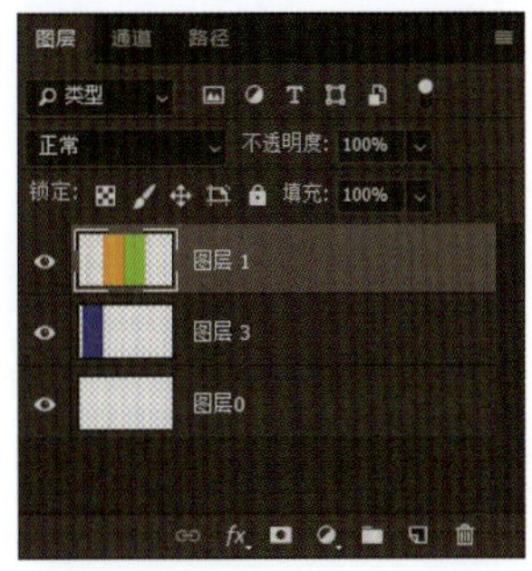

拼合图像

合并可见图层

图层蒙版

图层蒙版可以被认为是数字版的黏合膜。图层蒙版会阻挡一个图层的一部分，这样当你在上面作画时，蒙版下的元素不会受到影响。你不喜欢的任何东西都可以被覆盖，当你在上面作画时，图像的其余部分将保持可见，因为它已经被蒙版保护了。即使你在它下面的图层上作画，蒙版也会保持效果，让你的画在选区周围保持整洁。如果你的笔触没有显现，那是因为你正在图层蒙版透明的地方作画。

创建蒙版的优点之一是可以使用灰度来改变蒙版的不透明度。

因为蒙版是黑白的，也就是说你可以通过灰度来精确地使用蒙版。在图层蒙版上作画时：

- 白色是 100% 透明的，
- 黑色是 100% 不透明的；
- 50% 黑色的灰度即是 50% 透明。

01

使用图层蒙版的过程是从打开你想要合并的两张图片开始的。图层蒙版可以应用于绘画元素，在此以海洋和岩石的照片为例。在 Photoshop 中打开两张照片，然后创建一个新的空白画布。按快捷键 Ctrl+A 选择每张照片，然后复制、粘贴到空白画布上（按快捷键 Ctrl+C 复制，然后按快捷键 Ctrl+V 粘贴），图像将自动成为单独的图层。

复制并粘贴两张照片到Photoshop中

02

单击【图层】面板中的岩石照片层，然后单击【图层】面板底部的【图层蒙版】图标（看起来像白色矩形，中间为黑色圆圈），图层缩略图旁边将产生一个额外的缩略图。这个缩略图代表你的图层蒙版。它周围的白色框架表示蒙版已被选中，因此当你在画布上创建黑白标记时，它们将影响放置在照片上的蒙版。

蒙版缩略图

降低蒙版的不透明度

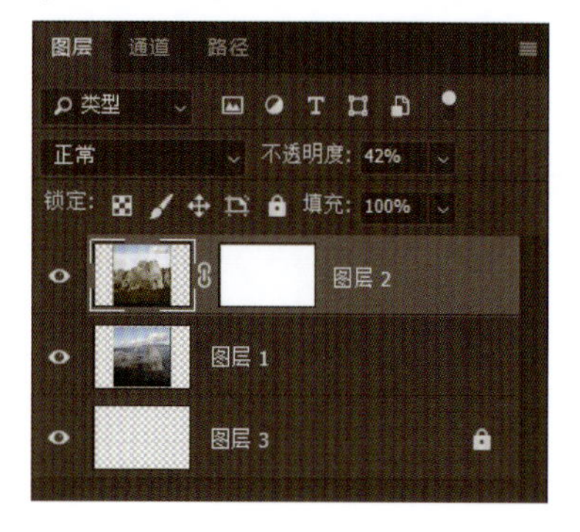

03

为了让你看到图层蒙版的蒙版效果，在本例中最初你将只能看到顶层的岩层。为了达到理想的效果，我们先降低图层的不透明度。要做到这一点，只需单击【图层】面板中的图层缩略图选择图层，然后使用【图层】面板中的不透明度滑块来减少图层的不透明效果。

04

现在，你可以开始掩盖你不想看见的岩层照片区域。单击蒙版缩略图来选择蒙版，然后使用【画笔】工具，用纯黑色填充，在你想要隐藏的地方涂上颜色。这些区域看起来被删除了，但实际上只是隐藏了（可以认为这是隐藏区域），这是一个比删除更加灵活的选择。

使用【画笔】工具将任何你想隐藏的区域涂成黑色

05

如果错误地删除了蒙版的一部分，可以通过在蒙版上涂白色来恢复元素。此外，使用灰色会略微显示图像的一部分，产生褪色的效果。在画布中，你可以看到两张照片的预期区域，在【图层】面板中，蒙版缩略图则显示了蒙版的效果。

你可以用白色还原被隐藏的区域，蒙版将在图层面板的额外缩略图中显示出来

图层模式

图层有不同的混合模式，它们会直接影响图层融入场景的方式。图层混合模式将选择的图层与下面的图层混合，根据所选择的混合模式，来自上面混合层关于像素、色相、饱和度、亮度和颜色的信息会被用来改变所有底层的颜色和亮度。虽然在一个图像上使用许多混合模式很诱人，但是应该有选择地使用它们来增强图像，避免让这些模式在你的画作中喧宾夺主。

图层混合模式可以在【图层】面板顶部的菜单中找到，或者创建新图层(Shift+Ctrl+N)时在弹出的窗口中找到。本节将探讨可用的图层模式和它们对绘画的影响。

01

这个简短的教程将演示如何使用图层混合模式以创建任何想要的效果。这个过程的目的是使用一些较常用的混合模式创建一个非常简单的混凝土球体图像。首先，创建一个新的空白画布，添加新图层(Shift+Ctrl+N)，使用【椭圆】工具创建一个灰色的圆。按住 Shift 键的同时拖动形状，以确保画出一个完美的圆。

使用【椭圆】工具画一个基本圆

02

开始绘制混凝土球体，使用【魔棒】工具选择圆形，并创建一个新图层(Shift+Ctrl+N)。在这个新图层中，你可以使用混合模式添加阴影。使用紫色或蓝色，并使用带有软边的画笔，在球体边缘绘制阴影区域。完成后，进入【图层】面板，将图层混合模式改为【正片叠底】，以增强阴影效果。这时，你可以使用【图层】面板上的不透明度滑块来调整图层的不透明度，以创建你想要的阴影强度。

使用图层混合模式得到阴影效果

03

再次选中球体，创建另一个新图层，使用软边画笔加载淡黄色，在球体上绘制一个区域的细微高光（混凝土反射不强，所以不应该有很强的高光）。这就在图层面板中创建了一个柔软的亮点，这一步是创建基本的球体高光和阴影。

使用软边画笔，创建一个基本的球体高光和阴影

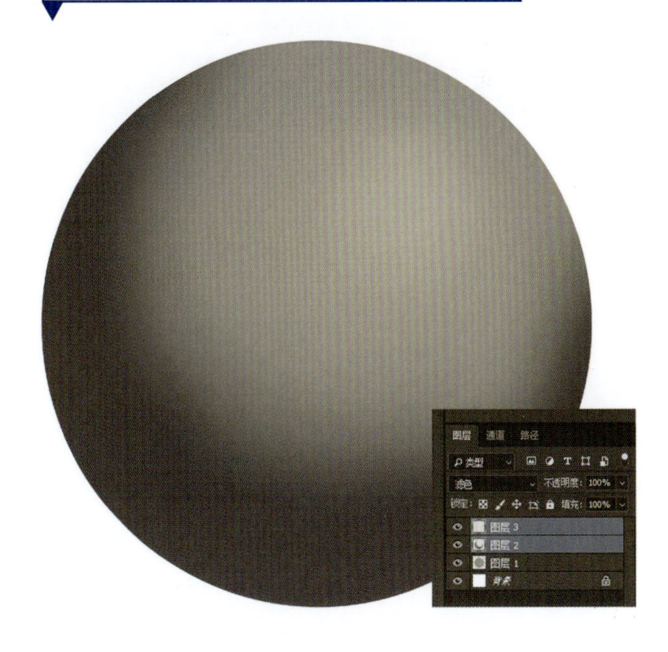

04

可以在新图层添加一个照片纹理到你的球体。在 Photoshop 中打开照片，并按快捷键 Ctrl+A 选择照片，按快捷键 Ctrl+C 复制选区，然后回到你的球体画布，按快捷键 Ctrl+V 粘贴照片，照片纹理将自动出现在一个新的图层上。

在添加混凝土照片时，在【图层】面板中将图层混合模式改为【叠加】，这是整合纹理的理想模式。你需要降低图层的不透明度，以确保达到预期的效果。

给球体添加照片纹理

图层模式	说明
溶解	【溶解】混合模式不会混合下面的图层的模式和像素，但是当一个图层的不透明度降低时，会显示出下面的像素。因此，下面的像素是通过噪点效果显示的。这种模式可以为你的插图或概念画提供一些视觉干扰。
变暗	【变暗】模式影响每个RGB通道的发光值，并可选择基础色或混合色(这取决于哪种颜色更暗)。如果混合层和所有其他层显示相同的颜色，那么将不会有任何变化。当用于数字绘画时，可以非常方便地调暗区域。
正片叠底	【正片叠底】是Photoshop中最常用的混合模式之一。该模式将基础层颜色的亮度与混合模式层的亮度相乘，总是产生较深的颜色。白色和黑色的值将保持不变，但相乘可以产生许多不同程度的暗度。这种模式主要用于在数字绘画上创建阴影，它也能很好地处理颜色，所以可以产生一些非常有趣的效果。
颜色加深	【颜色加深】可以用来使图像变暗，然而，它的主要功能是增加对比度。该模式会增加基础层颜色和混合层颜色之间的对比度，比【正片叠底】的结果更暗。这导致高度饱和的中间色调和高光减少。在某些情况下，你可以得到一个很有趣的效果。
线性加深	这种混合模式的工作方式与【颜色加深】类似，只是它根据混合模式层颜色的值降低了基本颜色的亮度。结果将是一个较暗但饱和度较低的图像。【线性加深】能产生深色之间的高对比度，如果要在一个较暗的形象上创建对比度，这是一个很好的选择。
深色	【深色】模式的工作方式与【变暗】混合模式相似。就像变暗一样，较暗的颜色与基础层的颜色和混合模式层的颜色相比较，并保持最暗的值可用。但是，【深色】是RGB复合通道，而不是每个RGB通道单独使用。
变亮	【变亮】模式检查基本层颜色和混合模式层颜色，并保留最亮的值。如果两层颜色相同，则不做任何更改。【变亮】可以用来夸大场景中明亮的区域。
滤色	【滤色】是另一个非常常用的使颜色更明亮的混合模式。根据混合层的亮度，【滤色】可以产生许多不同的亮度。这些值必须通过调整图像的值级别来减少，因为改变透明度可能会使高光变暗，使它看起来比较脏。

图层模式	说明
颜色减淡	【颜色减淡】混合模式能实现一个比【滤色】更明亮的效果。它减少了基础层和混合模式层颜色之间的对比度，从而产生饱和的中间色调和夸张的高光。
线性减淡	【线性减淡】模式查看每个RGB通道中的颜色信息，并根据需要使基本层颜色变亮。它通过增加亮度来反映混合模式层的颜色。该模式可以生成非常明亮的色调，直到它们变成白色的，没有任何图像信息留下。
浅色	【浅色】模式非常类似于【变亮】，它比较基础层和混合模式层的颜色，并保留最亮的值。这种模式与【变亮】模式的最大区别在于，【浅色】会显示整个RGB通道的组合，而【变亮】显示每个RGB通道。
叠加	【叠加】是Photoshop中另一种常用的混合模式。它结合了【正片叠底】和【滤色】的效果。这种混合模式可以类似【滤色】使一半强度的颜色比50%度灰更亮，也可以类似【正片叠底】使一半强度的颜色比50%度灰更暗。50%的灰度会变成透明的中性色。深色值将会把任何中间色调的值变暗，而浅色值将会把任何中间色调的值变亮。在数字绘画中，这种混合模式经常被用来改善品质，巧妙地用完美的颜色来混合纹理。
柔光	【柔光】很像【叠加】混合模式，但它的效果更微妙。它根据基本层颜色的值创建一个变暗或变亮的效果。【柔光】不会让暗与亮之间形成强烈的对比。
强光	【强光】是【正片叠底】和【滤色】两种混合模式的组合。它使用混合模式层颜色的亮度值来产生高对比度。在数字绘画中使用【强光】其结果有时会太强烈，你将不得不降低混合模式层的不透明度。
亮光	【亮光】是【叠加】和【柔光】混合模式的极端版本。在混合模式层下面的任何数值，如果大于50%的灰度值，将会变暗，如果小于50%的灰度值，将会变亮。当使用【亮光】时你可能不得不调整混合模式层的不透明度，让效果不至于太强烈。
线性光	【线性光】能线性减淡像素的亮度、线性加深像素的暗度。通常【线性光】混合模式会导致极端的颜色，可以使用【图层】面板上的滑块来调整不透明度，修正这种模式的结果。
点光	【点光】是你能使用的最极端的混合模式。它同时使用了【变暗】模式和【变亮】模式来强调基础层颜色的明暗值。

Photoshop 实操练习

如果你以前从未使用过Photoshop的工具和图层，你可以遵循一些简单的入门过程来更好地理解它们是如何工作的。在深入地了解这本书前，通过实操练习来学会使用Photoshop。对如何处理新工作空间中的工具和功能建立信心，将有助于你在未来实现更高的作品水平。

01

按快捷键Ctrl+N来创建一个新文档，并输入3840像素x2160像素的尺寸来选择一个横向格式。将颜色模式设置为RGB，然后单击【确定】完成创建。对于这幅画，你可能想要选择一个绘画工作区预设（单击Photoshop工作区右上角的下拉菜单，从菜单中选择【绘画】选项）。在背景层的上方创建一个新图层来开始你的绘画。按快捷键Shift+Ctrl+N，在【图层】面板的底部单击一个类似折叠纸的图标【创建新图层】，或到顶部栏选择【图层】>【新建】>【图层】选项，都能创建新图层。

我们要使用的第一个工具是【渐变】工具，它可以从工具栏中选择，也可以按G键选择。如果你害怕在空白画布上工作，渐变工具可以帮助你克服对空白空间的恐惧。在选项栏中选择一个线性渐变，稍微降低不透明度，这样渐变的效果会更淡一些。从【颜色】面板中选择黑色（如果当前不可见，则选择【窗口】>【颜色】选项），然后从画布底部开始，到顶部结束，在画布上垂直拖动一条线，这将创建一个梯度，黑暗的底部和越来越亮的顶部，画面将给出地平线可能在哪里的指示。如果渐变太暗了，你可以通过降低【图层】面板中渐变层的不透明度来调整它（单击【不透明度】下拉菜单，使用滑块来改变不透明度的百分比）。

这个梯度允许你根据喜怒无常的心情精确地改变天空氛围，可以设置雨天，或者是阳光明媚。保持图像的灰度，因为以后会有一些颜色分级。

02

接下来，按快捷键Shift+Ctrl+N创建一个新的图层，按下L键选择【套索】工具。右击工具栏上的【套索】工具，从菜单中选择【多边形套索】工具。

用【多边形套索】工具在画布的下半部分上画一条直线，沿画布边缘将选区的起点和终点连接起来，这样画布的下半部分就被选中了。切换到【画笔】工具(B)，选择一个普通的画笔，比如硬边圆画笔，用粗线条填充选区。保持在灰度中工作，用深灰色或黑色加载画笔来创建这个前景。使用【画笔】工具创建重叠的笔触，不要用【油漆桶】工具填充它，因为不会产生有趣的纹理。当方块被绘制完成时，再次选择【多边形套索】工具并在选区内单击取消选中。

当你对第一个地平线感到满意时，创建另一个新的图层，并返回到【多边形套索】工具。在相反的方向横跨画布创建一个对角块绘制第二个选区。当你使用【画笔】工具绘制第二个选区时，使用较浅的灰色值营造纵深感。绘制完成后，用【多边形套索】工具在选区内单击取消选中。在【图层】面板中，选择并向下拖动第二个选区图层，使它位于渐变图层和第一个选区之间。

01 使用【渐变】工具为新图像创建渐变效果

02 使用【套索】工具可以很容易地在画布上绘制图案

03

这一步是为了给这幅画的粗糙构图带来一些深度和质感。按快捷键 Shift+Ctrl+N 创建一个新图层，并将其拖放到【图层】面板中其他图层的下方。再次选择【套索】工具，在背景中绘制山或岩石的粗略形状，按快捷键 Shift+F5，从弹出窗口，中选择颜色，填充选区。在【窗口】中，使用内容下拉选框选择【颜色】选项，这将打开【拾色器】窗口，使用【吸管】工具选择与你在岩石上画的地平线相同的灰色，单击【确定】按钮，然后再次单击【确定】按钮。接下来，用【套索】工具画更多小细节，按住 Shift 键，在大岩石上创建悬崖或石头纹理。你画的细节越多，石头就会显得越自然。在绘制了大量的选区之后，再次按快捷键 Shift+F5 来填充它们，就像你对岩石所做的那样，然后选择一个浅灰色的色调。你也可以使用照片纹理（参见第 05 步）或自定义画笔（参见第 49~51 页）来创建类似的效果。

不同的行业

有五个重要的行业雇佣数字画家：视频游戏、电影、电视、动画以及出版行业。它们在机会和工作环境方面各不相同，但几乎所有的角色都需要你掌握一些Photoshop的工作技巧。

04

基本的工作已经完成，现在是时候把一些小细节和纹理放到前景中了。为此，我们将使用【自定形状】工具。这个工具可以让你快速放置任何形状：这取决于你的素材库，可以是树、灌木、建筑物、人、宇宙飞船等。在此需要选择一个灌木形状。

要创建自定义的灌木形状，你可以绘制第一个灌木并将其转换为可多次使用的形状。新建一个图层，从工具栏中选择【画笔】工具。从画笔预设中，选择一个树叶刷，并在拾色器中载入黑色。使用这个画笔绘制一个抽象的灌木。如果你在画布上看不到画笔，检查图层，它可能位于层堆栈上的另一个元素之下。

如果是这种情况，就尝试在图层结构中向上拖动该层。现在从工具栏中选择【魔棒】工具（W），然后单击选中灌木。

在【图层】面板中，选择【路径】选项，然后单击面板右上角的菜单。在出现的菜单中选择【创建新的工作路径】选项。在弹出的窗口中单击【确定】按钮，然后选择【编辑】>【定义自定形状】选项，将出现一个新的弹出窗口，对形状命名并单击【确定】按钮以创建形状。

再次使用自定形状工具时，请从工具栏中选择【自定形状】工具，然后转到选项栏上的【形状】部分。新形状将出现在菜单中，你可以单击选择。通过使用新创建的自定形状绘制更多的灌木，灌木将出现在不同的图层上。把它们放大，这样它们就不是第一个灌木的复制品了。缩放可以按快捷键 Ctrl+T 和使用自由变换工具；右击它并从菜单中选择【扭曲】选项，单击并拖动标记使新灌木变形。

合并这两个新创建的灌木到同一个图层：选择两个图层（按住 Ctrl 键单击它们），并按快捷键 Ctrl+E，这将把图层合并到一个新的图层，此时原始图层在【图层】面板中是独立的。双击图层缩略图中新合并的图层，用【拾色器】选择一个更亮的灰色混合层。

03 【套索】工具也可以用来添加细节或纹理

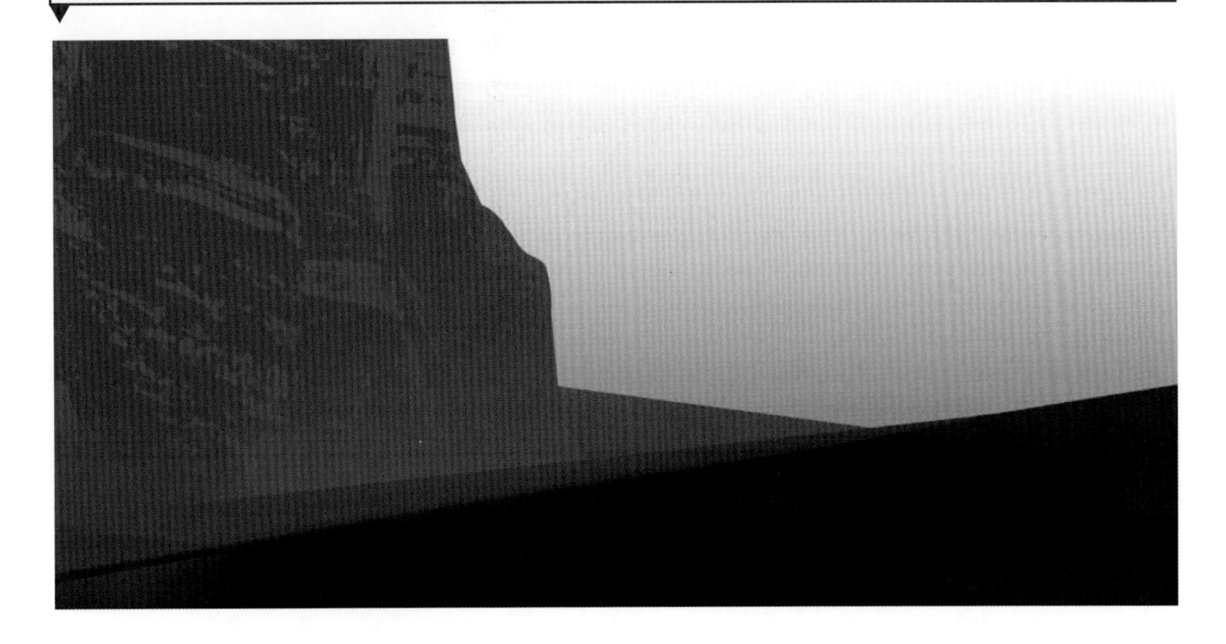

04 【自定形状】工具可以快速完成任务

05

你现在可以使用照片纹理添加城市背景。找一张你喜欢的城市天际线的照片，复制粘贴到Photoshop中。这将把图像添加到一个新的图层上。要改变照片的大小，请按快捷键Ctrl+T并在按住Shift键的同时拖动角标记，单击【确定】按钮接受转换。你可能需要暂时把照片层拖到【图层】面板的顶层才能看到它的全貌。用【套索】工具选择一块天际线，选定区域后，右击并选择【选择反向】选项。如果你按下Delete键，这将删除照片中除你选择的区域以外的所有内容。通过双击取消选择天空。现在，按快捷键Ctrl+U来访问【色相/饱和度】面板，并将饱和度滑块一直滑到左边后单击【确定】按钮，此时天际线将是灰度以匹配图像。

现在把那个图层拖回图层底部，这样它就会出现在场景的前景元素后面。在选中图层后，再次按快捷键Ctrl+T将天际线拖放到合适的位置，按回车键确认移动。你现在可以降低天际线的不透明度，以反映它在场景中离你更远的事实。使用【图层】面板右上角的不透明度下拉滑块来降低不透明度。

现在，继续使用自定形状、照片纹理和自定义画笔技术添加纹理，你将在后续的教程中体验到更多。如果你想在这个阶段使用自定义画笔，请参阅第49~51页的说明。否则，为了简单起见，请继续添加细节，就像你对天际线和树叶所做的那样。画云时你可以使用【涂抹】工具混合元素。根据画笔设置，涂抹效果会有所不同。例如，一个分散的画笔将增加更多的随机性，而纹理画笔将涂抹不同的纹理。你需要彻底研究【涂抹】工具和【画笔】工具，才能找到最适合你需要的选项。

继续添加更多的纹理，直到你对场景满意为止。请记住一点，为了日后编辑方便，为每个新的纹理创建一个新的图层，随时整理这些图层直到图片最终完成。

06

现在让我们来看一些图像调整。要创建一个更黑暗、更压抑的情绪时，选择【图像】>【调整】>【色阶】选项(Ctrl+L)改变图像的色调值。在弹出窗口中，你可以通过左右移动【输入色阶】和【输出色阶】滑动条来调整色阶。在画布上可以实时看到你对图像所做的更改，当你对效果满意时，单击【确定】按钮即可。

或者你也可以使用【图层】面板底部的调整图层。添加调整图层的图标是一个黑白圆圈，名为【创建新的填充或调整图层】，单击它并选择【调整】，它将以与使用色阶调整相同的方式工作，但它发生在一个单独的图层上，所以你可以随心所欲地打开或关闭它。

07

是时候给场景增添一些色彩了。单击前面步骤中提到的调整图层图标(【图层】面板底部的黑白圆圈图标)。此时，对位于图层堆栈的顶部图层进行调整，从菜单中选择【颜色平衡】选项。【属性】面板将出现在你的工作区中；选择【中间调、高光和阴影】选项，你将得到一个全彩色的场景。对于这三个值，将颜色滑块从一边移动到另一边，以实现带蓝色的色调。这为图像提供了一些基本的颜色，你可以重复这个过程，直到出现你喜欢的颜色为止。

05 照片纹理可以添加、转换、混合到场景中，使图像更有趣

06 通过色阶调整，你可以完全改变场景的情绪

07 基本色可通过色彩平衡调整图层添加

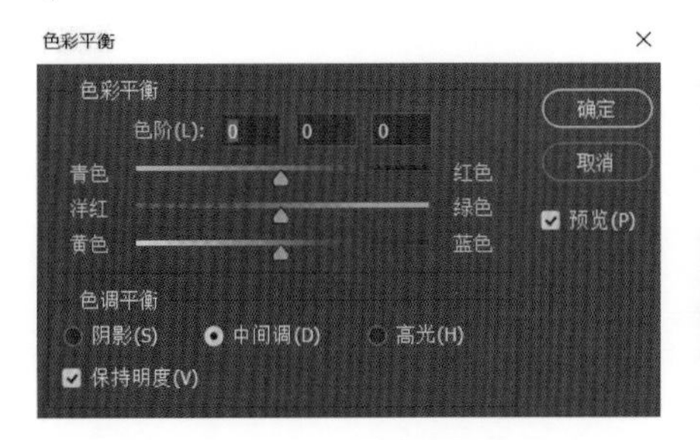

08

在这张图片中，蓝色的色调已经实现，所以需要添加一些额外的颜色。从工具栏中选择【多边形套索】工具，然后在图像的下方绘制，沿图像的下边缘将选择的两端连接在一起，使其处于活动状态。再次单击【图层】面板底部的黑白圆圈图标（【创建新的填充或调整图层】），从菜单中选择【色相/饱和度】选项调整图层。调整图层将自动创建一个图层蒙版供你选择。

在【图层】面板中，单击蒙版缩略图（与图层缩略图图标相邻）。使用蒙版调整图层，你可以使用【属性】面板中的【色相/饱和度】滑块将蓝色调改为棕色，以保持暖色和冷色之间的对比。使用【调整图层】和【属性】面板再次调整颜色。

09

一个重要的任务是翻转画布。这是一个简单的调整，但它确实能帮助你提升插图、草图或概念图的质量。它会给你一个全新的视角，你可能会发现一些缺陷或意识到场景中存在问题。要翻转画布，到顶部栏选择【图像】>【图像旋转】>【水平翻转画布】选项。

10

翻转画布后，用【图像】>【图像旋转】>【水平翻转画布】选项将其翻转回来。从工具栏中选择【矩形选框】工具，对图像进行选择以改变图像的取景，接着选择裁剪，标记将出现在选择项周围。双击，图像将被裁剪到选区。在这张图片上使用的新的裁剪，去掉了图片的顶部和底部，使图片加宽，更有电影效果，这样便创造了一个更动态的场景。

定期练习

在学习的过程中要持之以恒。每天花一小时连续练习比花几个小时断断续续不规律地练习，更能让你受益。

08 通过蒙版区域在色相/饱和度中修改颜色

09 翻转画布将帮助你用新的视角审视这个场景

10 有时剪切图像有助于构图

幻想景观

03

幻想景观

简姆斯·沃尔夫·斯特雷尔

概念设计艺术家

简姆斯是华盛顿州西雅图市的概念设计艺术家，他喜欢探索周围风景的特征。他的大部分时间都花在根据想象创造数字景观上，有十余年的专业数字绘画经验。

关键技能

- 设置画布
- 构图
- 使用图层
- 检查透视
- 自定义画笔
- 图层蒙版
- 明暗结构
- 灯光氛围
- 刻化细节
- 制作特效

辅助工具

- 画笔工具
- 钢笔工具
- 橡皮擦工具
- 混合画笔工具
- 套索工具
- 油漆桶工具
- 渐变工具
- 吸管工具
- 自由变换
- 模糊滤镜

设置画布

01

首先，打开 Photoshop 并设置面板以准备工作。可以通过顶部栏中的窗口选项卡访问面板，并通过单击面板名称使其可见。已经打开的面板（通常是选项栏和工具栏）在下拉列表中带有对钩标记。在此绘制过程中，有三个至关重要的面板：【导航器】面板、【工具预设】面板和【图层】面板。

第 29 页提及【导航器】面板（见图 01a）为你的画布提供了一个小的查看窗口。它允许通过缩放滑块浏览全尺寸画布。在画布上放大时，你会注意到在屏幕上可见的区域在【导航器】面板中用红色矩形标记。【导航器】面板还使你能够通过单击查看窗口来滚动或跳转到画布的不同区域，同时仍然保持画面放大状态。该面板提供了工作概况，并允许你进行非常详细的工作而不会忽视绘画的总体进度。

【工具预设】面板（见图 01b）保留了最常用的工具及其设置的列表。它就像一个数字工具袋。首次使用 Photoshop 时，【工具预设】面板将为空，单击某些工具（例如【裁切】工具或【钢笔】工具）时，会发现 Photoshop 已经为这些工具保存了预设的默认设置。

最后，你将看到【图层】面板（见图 01c），其中显示了绘画中所有图层的集合。你可以使用【图层】面板选择要处理的图层，也可以对所选图层进行全局更改。

绘画时始终打开这三个面板并定期进行参考，对创作是很有帮助的。它们通常位于屏幕的右侧，但你可以将它们移动到最适合的位置。要移动面板，可在面板上单击并拖动，释放光标以将面板放置在所需的位置。Photoshop 会记住面板放置的位置，因此仅需在项目开始时执行一次此过程。

02

要设置第一个画布，请选择【文件】>【新建】选项，将弹出一个对话框，询问参数和文件名。通常使用与常见显示器尺寸相关的尺寸，因为我的图像通常最终会制作成为计算机壁纸。因此，3840 像素 × 2160像素是相当典型的尺寸。

为了便于理解，你可以在下拉菜单的右侧将宽度和高度的单位从像素切换为英寸或厘米。还可以在新文档弹出窗口中设置分辨率（图像的清晰度或视觉清晰度），应使用 300 dpi【在 Photoshop 中设为像素 / 英寸（ppi）】，因为这是标准打印分辨率，被认为是高分辨率。你可以使用较低的分辨率（如 72 dpi）进行练习或仅在屏幕上查看图像。但是，低分辨率无法提供与高分辨率相同的细节级别。拥有所需的画布大小和设置后，单击【确定】按钮。

画布尺寸

如果要创建带边框打印的图像，则将画布尺寸设置为常见的边框尺寸即可，如9英寸×12英寸或11英寸×14英寸。用于视频游戏或电影的图像所需尺寸差异很大，并取决于客户的需求。如果你要创建的作品是早期概念设定稿，那么通常只需要能够传达信息即可，因此，1500像素×3000像素的画布就足够了。如果你要制作呈现给客户的插图，则它的尺寸需要更大，最短边可能要4000像素或更大。

01a 放大后，【导航器】面板可显示完整的画布

01b 【工具预设】面板在工具栏的右侧

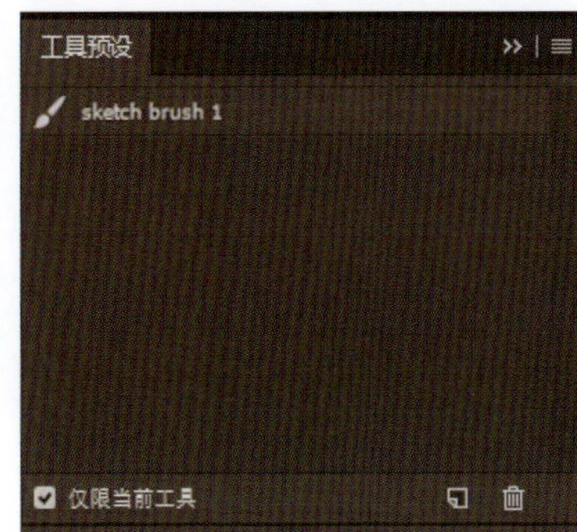

01c 【图层】面板可选择并移动特定图层

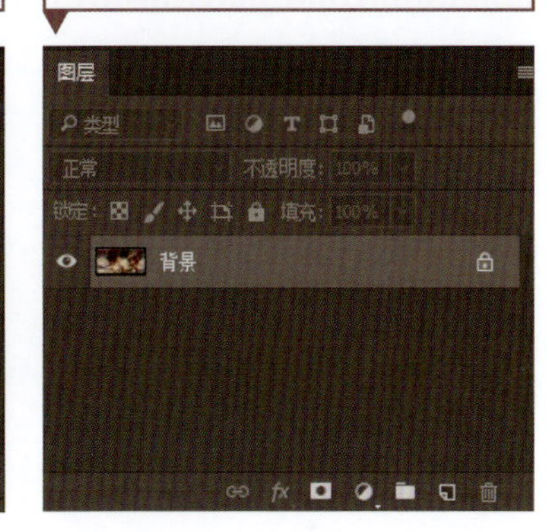

02 【新建文档】窗口可提供用于创建画布的参数

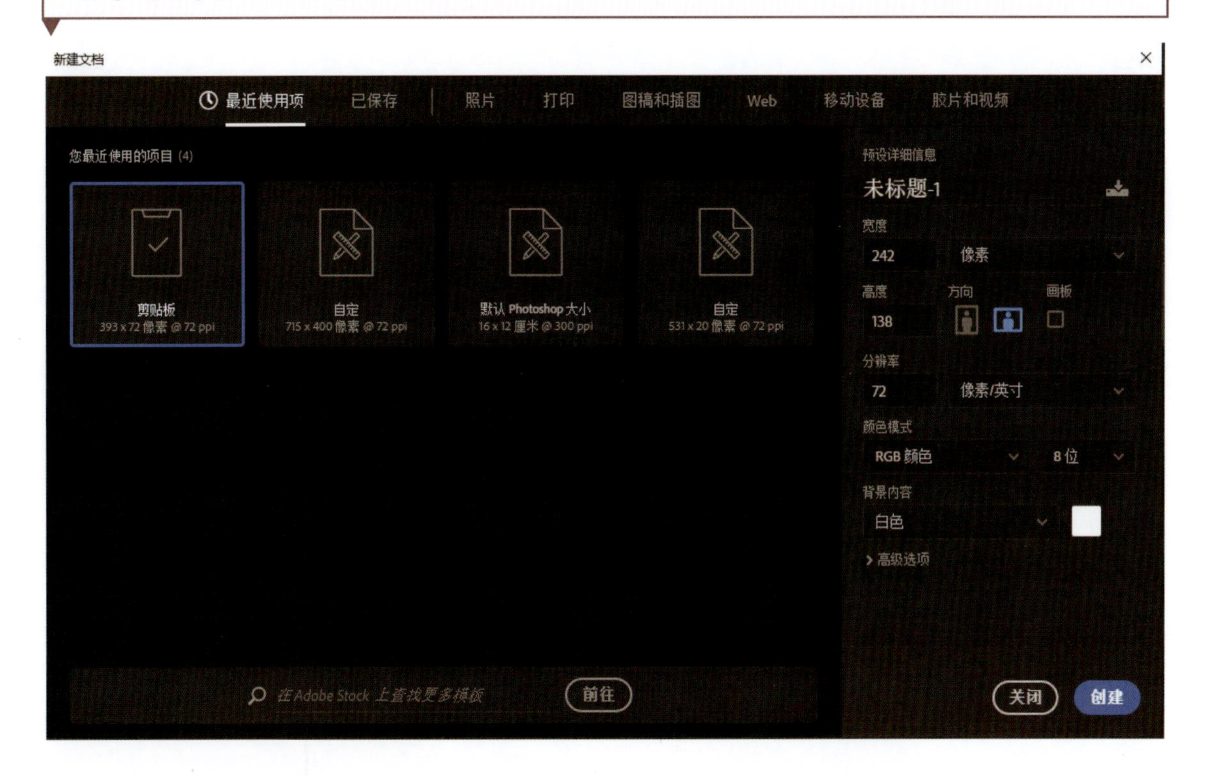

03

在【新建文档】窗口中单击【确定】按钮后，将显示空白的白色画布。如果查看【图层】面板，将看到已添加标题为"背景"的图层。"背景"图层上将有一个小锁图标，指示该图层的内容受到保护。单击锁定图标，然后将其向下拖动到垃圾桶图标，这一层对我们而言不是必需的。锁定的"背景"图层可防止你调整堆叠顺序、混合模式和图层的不透明度，这在早期阶段并无作用。图层标题将更改为"Layer 0"，但你可以通过双击名称并键入，将其重命名为"背景"。

接下来，通过单击【图层】面板底部的【创建新图层】图标（看起来像一张折叠的纸）来添加新图层。也可以使用快捷键 Shift + Ctrl + N 创建一个新图层。一个新的透明层将自动以与"背景"层相同的模式和尺寸出现在【图层】面板中。它会出现在【图层】面板中的"背景"图层上方，表示你在新图层上所做的标记将位于"背景"图层上的所有内容之上。这个新图层将成为处理的第一层。现在你可以使用画布了！

04

【图层】面板上的眼睛图标是专业数字绘画师经常要用的设置。单击图层上的眼睛图标指示该图层是否可见。例如，如果要在被前景图层遮盖的图层上工作，这就很有用，因为单击前景层的眼睛图标会使该图层不可见，然后就可以在图像的其他部分上自由绘画而不会分散注意力。有时你需要反复关闭或打开正在使用的图层，以查看你正在做的事情是否是对现有图像有所改进。

03 单击【图层】面板右下角的折叠纸图标会快速创建一个新图层

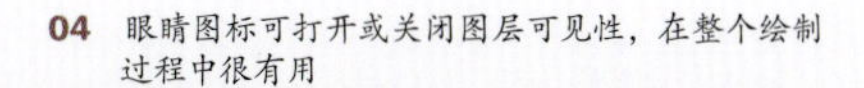

04 眼睛图标可打开或关闭图层可见性，在整个绘制过程中很有用

图层结构

文件的图层结构对于流畅的工作过程至关重要，尤其是在团队内部工作时。理清图层结构可以使团队处理文件变得更加容易，因此，请尝试学习如何管理图层。

首先，用清晰的名称标识其内容，而不是用电脑分配的模糊层名标记图层（双击图层标签将其重命名）。其次，请对各图层相似的内容进行分组（如服装部分），以便可以轻松找到特定的详细信息。为此，请选择要分组的图层，然后按快捷键Ctrl + G。

最后，使用颜色标注使图层易于识别（右击图层的眼睛图标，然后选择所需的颜色）。如果你需要标识将由不同部门处理的图层或标记要在过程中稍后处理的图层，这将非常有用。

标签和颜色标注使图层更容易识别

选择画笔

05

现在画布已准备就绪，可以开始绘制草图了，你需要选择一个合适的工具进行绘制。选择【工具】面板，然后选择【画笔】工具。你可能会倾向于使用【铅笔】工具进行草图绘制，但是【画笔】工具的用途更加广泛，可以创建更自然的效果。

在选项栏上，通过单击位于选项栏从左边数第二个图标的向下箭头，打开【画笔预设】面板。箭头带有一个小图标，表示刷头的大小和外观。在【画笔预设】面板中，从你可能已导入的任何默认选项或画笔预设中选择一个画笔（见图05a）。将光标悬停在画笔图标上，以提示 Photoshop 显示画笔的名称。如果不确定要使用哪种画笔，硬边圆画笔是一个不错的选择。

Photoshop CC 中的标准画笔通常包括“常规画笔”“湿介质画笔”等文件夹（见图 05b）。在这些文件夹中，用一个笔触示例描绘了画笔形态，以显示其效果，并在每个示例下标记了其特定的画笔名称。单击所需的示例以选择画笔。

06

选定画笔后，可以调整各种设置参数以使其按你希望的方式工作。通过单击画笔罐图标打开工作区右侧的【画笔】面板（在较新的版本中，该图标可能看起来像画笔）。在【画笔】面板中，单击以选择【形状动态】选项，勾选【设置】多选框，单击设置名称还将为你提供更多选项。打开【形状动态】选项，然后在【大小抖动】下将控件设置为【钢笔压力】选项。将笔压的最小直径设置为较低的百分比，如 20%。在【角度抖动】下，将控件设置为【初始方向】选项。这些设置将使画笔产生的线条更生动。

接下来，在【传递】选项中为【不透明度抖动】控件选择【钢笔压力】选项。此设置可确保你用手写笔按压的次数越多，创建的线条越深。你会看到在硬边圆画笔的画笔设置中自动选择了【平滑】选项。大多数 Photoshop 的标准画笔都已预设了“平滑”功能，可以在绘制或绘画时平滑线条的曲度。这些设置组合在一起可以创建良好的基本素描画笔。

常用画笔组

如果你发现自己一次又一次返回使用相同的画笔，那么为你喜欢的画笔创建画笔组是一个好方法。要在【画笔预设】面板中创建组，请右击现有组，然后从弹出的菜单中选择【新建画笔组】选项。然后命名组并将喜欢的画笔拖放到该组中。这将使你可以快速地访问经常使用的画笔，将组文件夹拖到【画笔预设】面板的顶部会更加方便使用。

05a 从【工具】面板中选择【画笔】工具，然后从【画笔预设】中选择一个画笔

05b 较新版本的Photoshop提供专业画笔文件夹，以供选择作为线条样本

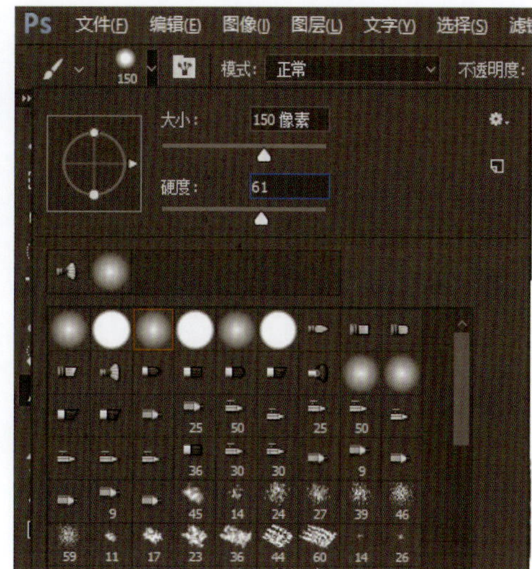

06 【画笔预设】面板提供了多种调整画笔的操作方式

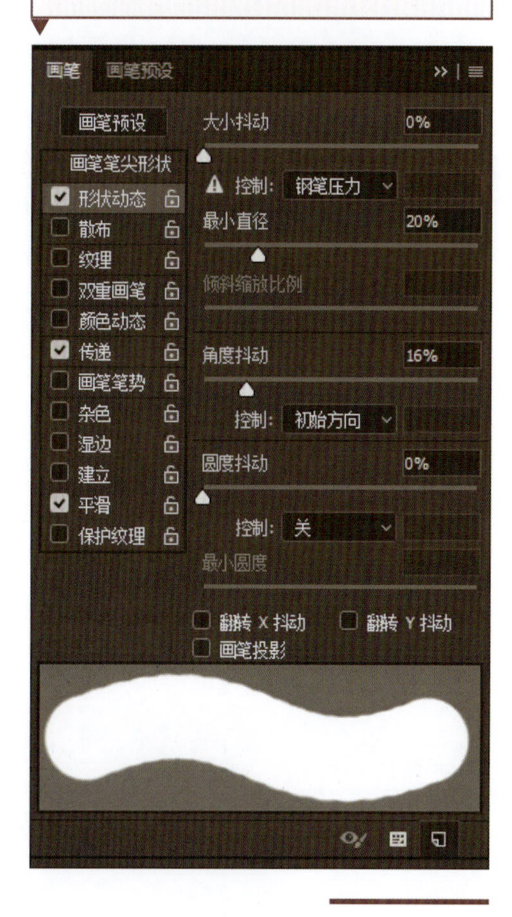

07

对画笔进行调整：选择画笔的大小。有几种方法可以执行此操作，第 1 种方法是使用【画笔预设】面板中的滑块，并将其左右滑动以增加或减小画笔的大小。第 2 种方法可以在画布上用鼠标右击以调出【快速画笔】窗口并使用滑块调节大小。可以将光标向左或向右拖动的同时按住 Alt+ 右键。你将看到光标轮廓的大小相对于画笔的大小增加或减少。

调整画笔的大小非常有用，因为你可以在绘制草图时先做一些小记号，然后再增加画笔的大小以填充较大的区域，而无须更改所用画笔的类型。

08

设置完画笔后，你可以保存这些设置，以便在后续的过程中易于选择和再次使用。转到第一步中打开的【工具预设】面板，单击面板右上角的菜单图标以显示选项列表。从该列表中选择【新建工具预设】选项（见图 08a），将出现一个弹出窗口，要求你命名该工具（见图 08b）。我将其命名为“sketch brush 1”，单击【确定】按钮将工具另存为工具预设。现在，通过【工具预设】面板，可以随时选择具有这些特定设置的画笔。

如果使用 Photoshop CC 并创建画笔预设，则在选择【新建画笔预设】选项时会出现一个弹出窗口，你可以选择创建新画笔预设。在这种情况下，单击【确定】按钮，将出现一个新窗口以命名画笔预设。命名画笔并单击【确定】按钮，你将在【画笔预设】面板（见图 08c）中找到保存的预设。

【工具预设】面板将显示所选工具的已保存预设。例如，如果你单击屏幕左侧工具栏上的【修复画笔】工具，将看到 Photoshop 已经装有该工具的预设。当你单击【画笔】工具时，【工具预设】面板将更改为显示刚刚保存的画笔，这在专业环境中非常有用，能够在经常使用的工具之间进行切换。

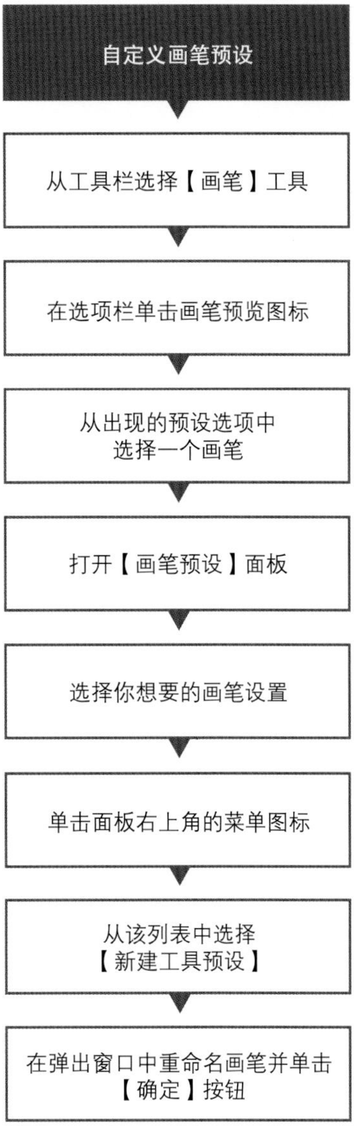

自定义画笔预设

从工具栏选择【画笔】工具

↓

在选项栏单击画笔预览图标

↓

从出现的预设选项中选择一个画笔

↓

打开【画笔预设】面板

↓

选择你想要的画笔设置

↓

单击面板右上角的菜单图标

↓

从该列表中选择【新建工具预设】

↓

在弹出窗口中重命名画笔并单击【确定】按钮

07 在绘制小细节和大空间时，能够调节画笔尺寸非常方便

08a 可以在【工具预设】面板中将工具另存为新工具预设

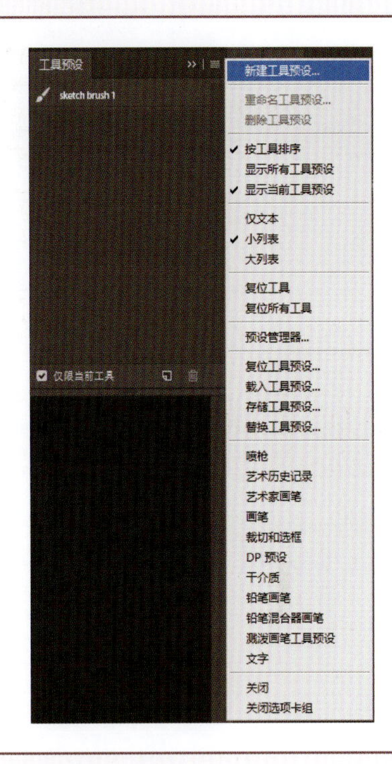

08b 弹出窗口将要求你命名新画笔

08c 如果该工具是画笔，它将出现在工具预设或画笔预设中

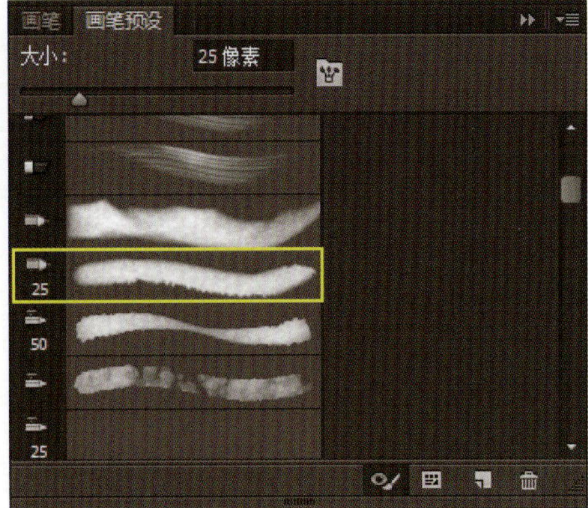

构图

09

现在你已经设置好了画笔，我们可以开始绘画的初始草稿阶段。新绘画时最好为要实现的构图绘制一个非常简单的布局。这样可以找出想要绘制的焦点在场景中的位置，并确保将观众的视线引导到页面周围。若要规划布局，你可以将画布水平划分为三个区域，然后重复此过程以创建三个垂直区域。这将创建一个网格，其中焦点可以放置在分界线上或相交点上。你会发现将焦点集中放置在图像中的影响远小于使用此方法。

要创建网格，先创建一个新图层（使用【图层】面板上的折叠纸图标或快捷键 Shift + Ctrl + N），然后使用新画笔轻轻标记水平线，将页面分为三部分。若要创建一条直线，请将画笔放在画布上要开始的点上，在绘制直线时按住 Shift 键。若要开始新行，请释放 Shift 键，然后将画笔放置在下一行的起点处。在画布上拖动画笔时，再次按住 Shift 键可以绘制一条新线。如果不释放 Shift 键，Photoshop 会将两条线连接在一起。重复此过程，将画布垂直分为三部分，以产生网格效果。

10

返回第 1 层，在可见网格层的情况下绘制草图。如果网格线很重，则可以在【图层】面板中降低图层的不透明度以减少干扰。在【图层】面板顶部附近，你会看到一个标记为不透明度的菜单，设置为 100%。当单击此菜单时，将出现一个滑块，可以拖动该滑块以更改图层设置不透明度的百分比。

这幅画的主体是龙俯瞰峡谷，因此，使用相同的画笔，确保骑手和龙在网格的相交线内。环境与构图线大致对齐，以引导观众凝视场景。

元素和图层叠加

在下面介绍中，你可以看到使用元素和叠加图层的组合用于构建图像。元素可以包括照片、纹理，也可以只是在图层上绘制的东西。如图10所示，幻想景观的粗略草图构成了画布上的第一个元素。覆盖层是影响整个图像的元素，如图09所示的网格。常见的绘画覆盖层包括颜色覆盖层和滤镜层。

在下面的图像中，龙和岩石被绘制在单独的图层上，并且也与天空背景分开。这使你可以在不影响其他元素的情况下完成绘制、移动甚至删除一个元素。如果添加了颜色叠加层，则可以更改整个图像的颜色；若看起来效果不好，则可以轻松地将其删除。或者可以在新图层上将诸如龙角之类的新元素添加到图像中，而无须更改原始的龙图层绘画，从而可以测试不同的想法。

当你探索新的想法并且不想冒险破坏当前图像时，使用新图层非常有帮助。由于层数没有确定的规则，因此选择使用的层数取决于你的个人喜好。有些人喜欢在很多层上进行绘画，以便在工作时具有更大的灵活性，而另一些人则选择保留少数层以便简化。

09 创建一个新图层，并为合成画面绘制一张网格指导

10 尽管看起来像涂鸦，但这些线条奠定了未来场景的基础

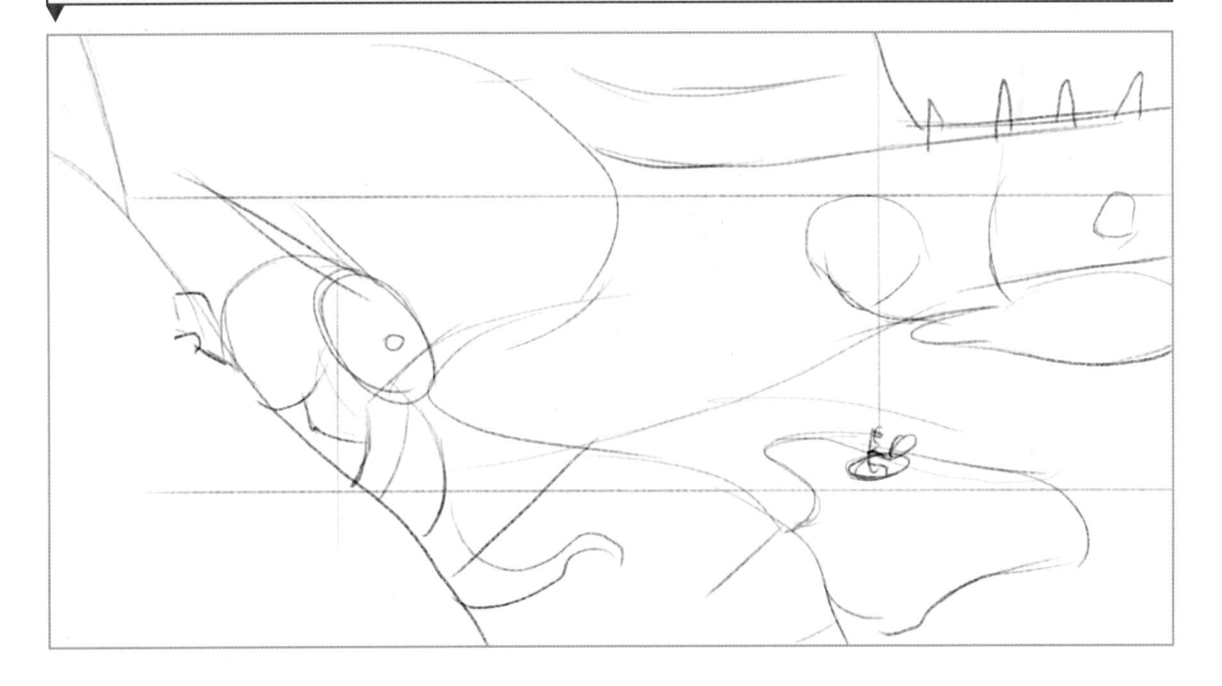

11

一旦标记了构图布局，就可以进行粗略草图的制作，开始绘制场景及场景的更多细节。确保浏览草图的人能理解场景的构思，在你绘画时这些提醒很有用。在创建用于专业作品的数字绘画时也很重要，因为你经常需要向客户或艺术总监提供计划大纲，以确保你的想法符合他们的需求。

选择你在步骤 10 中创建的合成图层，然后在其上方创建一个新图层（Shift + Ctrl + N）。该层仍将位于网格层下方。降低合成图层的不透明度，以便可以使用合成草图来指导你的粗略草图，然后选择新的第 3 层以开始绘制。继续使用先前创建草图的【画笔】工具进行绘制。在环境及龙的位置上松散地绘制草图。你可以保持线条松散，因为这个阶段的主要目的是帮助画家弄清楚元素的外观以及它们在场景中的位置。

12

在我最初的想法和所收集的龙与峡谷的素材中，我逐渐开始定义场景的叙事情节。我想绘制被巨龙监视着的峡谷应该有更多的趣味性。为了给场景添加故事，我认为巨龙需要与一个孤独的骑手相对立。

但是为什么骑手会在那里？也许他和他的马都急需水？通过代入一些不同的场景进行思考将有助于你充实叙事，并做出更有趣的作品。

在粗糙的草稿图层上，我使用相同的画笔在峡谷的谷底中标记出马匹和骑士的松散轮廓。我将其放置在巨龙的视线内，在新图层上绘制红线，显示巨龙凝视的方向作为向导，这样看起来巨龙正在从岩石上注视着它们，准备突袭。用绿色标记定向流，以指示场景中存在对比运动的位置。

移动画布

在的创作早期，需要经常放大和缩小画面。当你需要绘制详细的作品或缩小以更好地查看整个作品时，缩放功能非常有用。如果你有手绘屏，则应该可以使用触控环或触控条进行缩放。如果没有此设备，则可以选择工具栏上的【缩放】工具（由放大镜图标标识），或者按Z键。或者按住Ctrl键时使用+键进行放大，按住Ctrl键时使用–键缩小。选择其中一项，可以通过在画布上反复单击来增加放大和缩小的数量。如果打开了【导航器】面板，则还可以使用面板底部的滚动条在其中调整缩放级别。

可以在画布周围移动的另一个重要工具是【抓手】工具，可以通过手形图标或按H键轻松将其放置在工具栏上。此工具允许你通过物理拖动画布周围的屏幕视图来平移图像。可以通过选择【抓手】工具并按住拖动画布来完成此操作。如果图像适合屏幕，请首先放大画布以激活【抓手】工具。如果你正在使用其他工具，并且想使用【抓手】工具快速移动，则还可以按住空格键，这会暂时将光标切换到【抓手】工具。继续按住空格键，然后在释放空格键之前将光标（现在为手形图标）拖到画布的另一部分。你将看到光标切换回原始工具。这是大多数专业数字绘画师常用的一种简单而有效的技术。

在画布上移动时，【抓手】工具非常实用

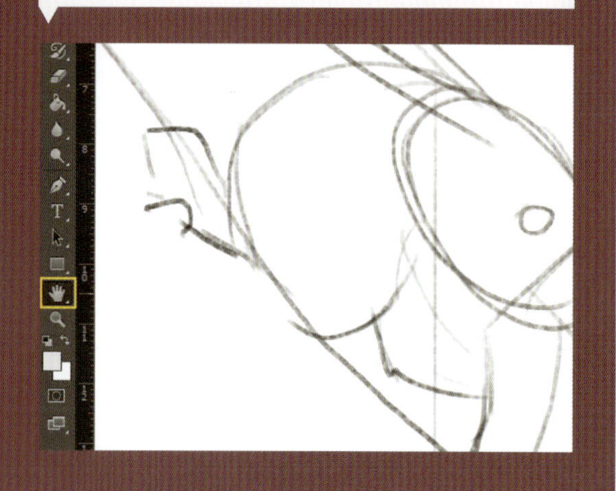

11 在粗略的草图中，场景开始成形。笔触松散且具有探索性

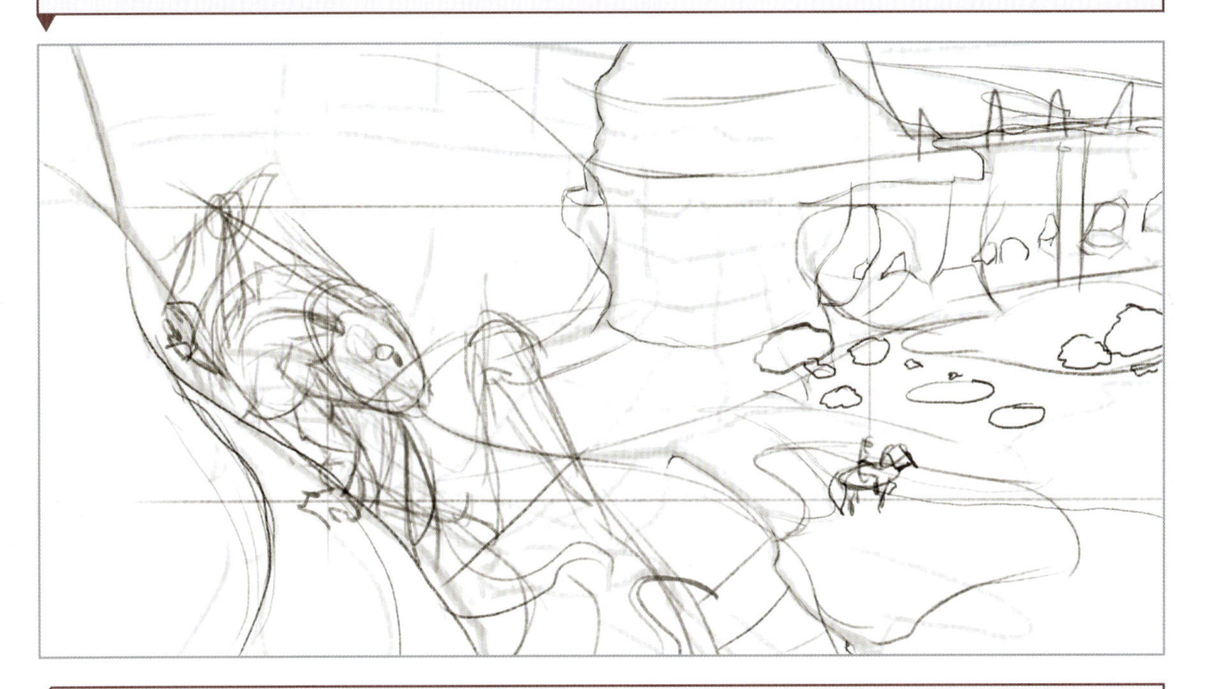

12 被龙注视的骑手的位置创造了一种叙事模式，这将有助于定义作品

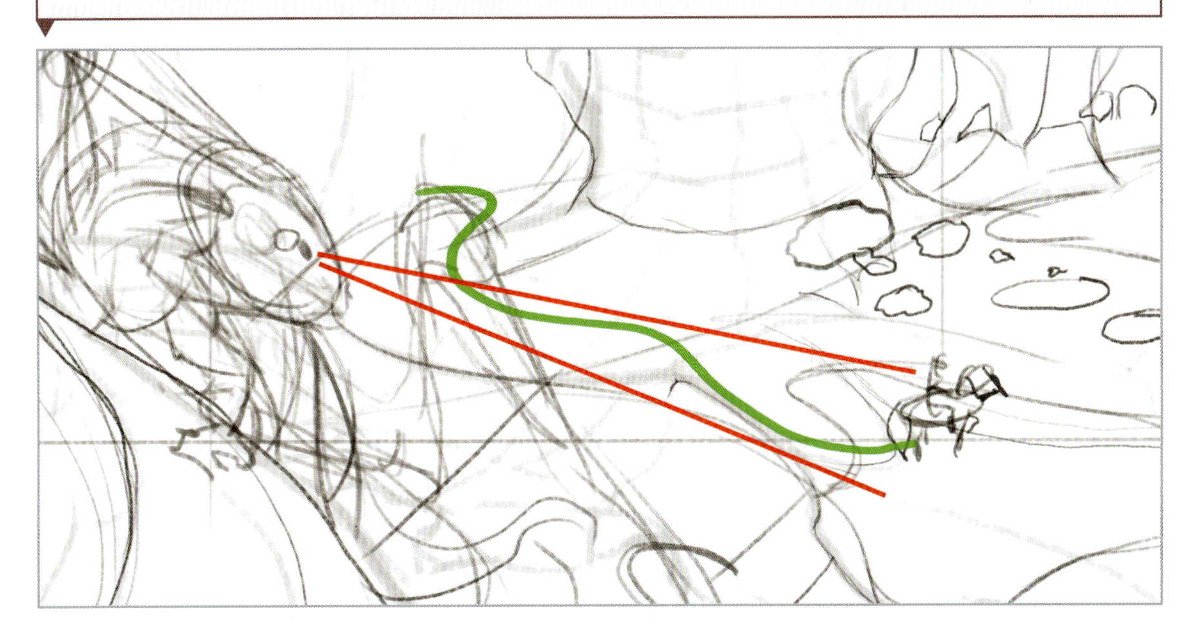

13

当你对场景的粗略草图感到满意时，可以开始制作更详细的草图（见图13a）。通过在【图层】面板中选择其草图并将图层的不透明度(滑块位于【图层】面板的右上方）降低到25%，以降低该草图的不透明度。如果初始构图草图和网格图层的可见性仍处于打开状态，请立即在【图层】面板上单击每个图层旁边的眼睛图标将其关闭。现在创建一个新图层，并使用下面的褪色粗略草图作为指导在该层上开始绘制。

在此阶段，可以随意手绘形状。你可以使用先前创建的草图画笔进行绘制，然后从【工具预设】面板中选择它，将画笔调整为较小尺寸。打开【画笔】面板，使用面板顶部的控制画笔大小的滑块减小画笔的像素。因为在此草图中添加更多细节时，需要更细的线条和更高的精度。

我研究了巨龙的解剖结构（见图13b），在峡谷中标出了山脊，并添加了细小的景观细节，使场景栩栩如生（见图13c）。这个精致的草图将是你在整个绘画过程中遵循的模板。

制定透视指南

在最终确定草图之前，需要布置一个简单的透视图指南以确保场景与透视图的一致。【钢笔】工具对于创建透视线非常有用，因为它产生的标记可以从画布的边缘绘制到灭点。【钢笔】工具会创建路径，因此无须为此创建新图层。创建透视线后，它们将显示在【路径】面板（与【图层】面板相同的第二个选项卡）上。

为此，请将画布缩小并从工具栏中选择【钢笔】工具。在画布上单击第一个灭点的位置，无须按住或拖动，只需单击场景中焦点上的【钢笔】工具即可。这将在画布上创建一条线，显示画面是否符合透视图。要关闭该行并避免其连接到其他行，请将光标悬停在首次单击的灭点上，这将弹出一个小圆圈，单击【确定】按钮。下次使用【钢笔】工具时，它将开始新的一行。继续添加灭点和透视线以适合场景的透视图。

【钢笔】工具可用于将透视线创建为与图像分开的路径

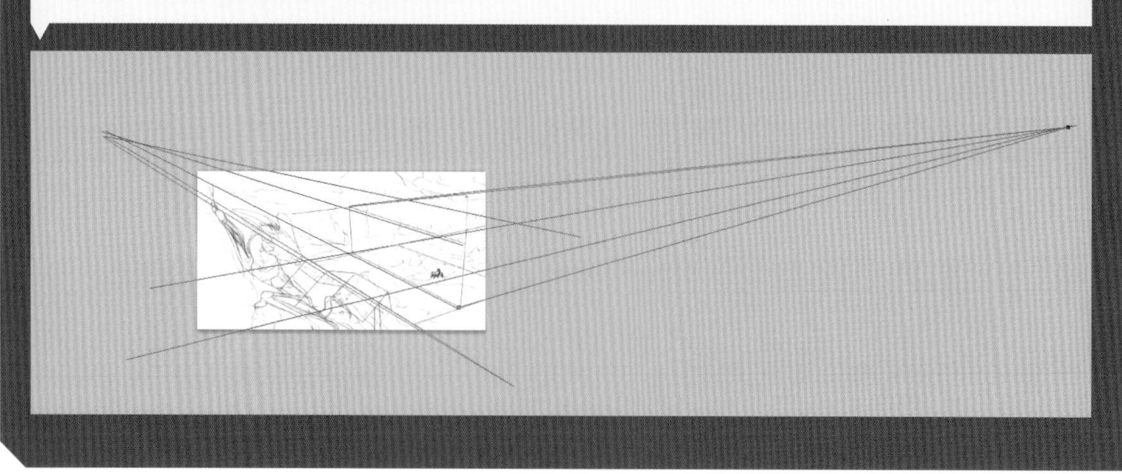

13a 粗略草图可作为详细草图的指南，在其余绘画过程中使用

13b 巨龙的线条草稿遵循场景的透视角度

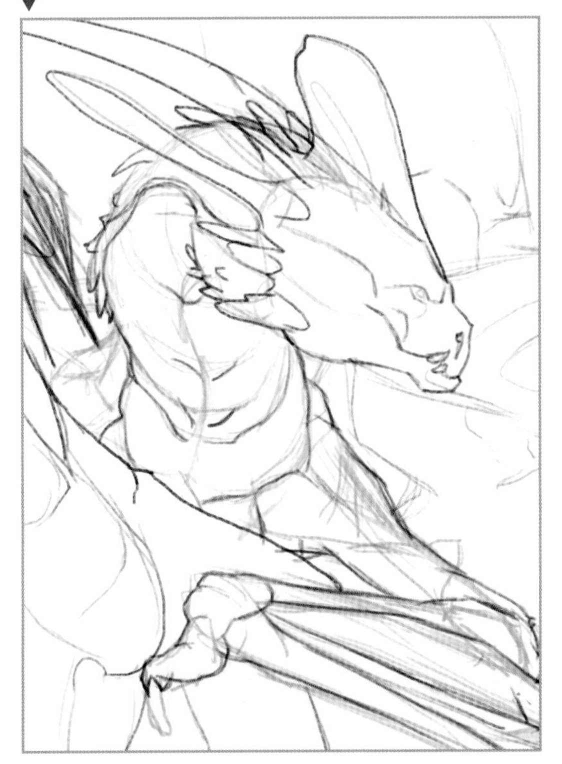

13c 骑手和马使场景产生了叙事内容

开始绘画

14

完成草图后，用基础颜色填充每个部分。你可以在添加颜色之前预设场景的明暗关系。使用【套索】工具。可让你在画布上进行选择，然后在不影响周围画面的情况下进行编辑。例如，如果我选择了巨龙，则只有龙可以绘制。这使我的画面极其干净，方便绘制。

使用【套索】工具可以做很多事情，但是现在我们以基础知识讲解为主。创建一个新图层，然后将其拖动到【图层】面板中线条草稿图层下方。要进行选择，请从工具栏中选择【套索】工具（L），然后在要隔离的物体周围单击并拖动光标。释放光标后，拖动时指示的区域将被移动的虚线选中。从工具栏选择【油漆桶】工具（G）来继续填充，并从【拾色器】面板中选择灰色。如果需要从初始选区中添加或减去，可以在选项栏中选择【添加到选区】选项或【从选区中减去】选项来进行。要取消选择某个选区，请按快捷键 Ctrl + D。

15

在填充颜色时，使用一系列明暗值可以在场景中创造多样性效果。想要较多亮度的区域（如巨龙所坐的前景岩石）应填充非常浅的灰色。大量深灰色应用于表示场景中较暗的区域，如图像中遥远悬崖下的洞穴。在用灰色调填充场景时，请确保场景中的主要对象具有聚光灯的效果。将关键元素的颜色绘制在单独的图层上，以便轻松更改颜色。巨龙应该在该场景中脱颖而出，因此请确保它被背景阴影的黑暗所包围。由于巨龙的颜色会更复杂，请使用默认的软画笔在稍暗的区域上绘制第二个灰色调。

骑手也将被突出显示，这一次是将其放置在被水包围的浅色色块中。不会像巨龙的对比度那样产生戏剧性的效果，但也足以让观众在发现巨龙后就注意到他。

选择【套索】工具

▼

选择选区所在的图层

▼

单击工具栏上的【套索】工具

▼

绘制选择区域

▼

将选区的首末端连接在一起

▼

选区将被移动的虚线选中

快乐事故

绘画时不可避免地会发生一些意外情况，因此请保持良好的心态。只要一点点接受度，这些事故就可以化危为福！快乐事故的好处在于其不可预测性。事故可能会创造出你以前未考虑使用的新形状或纹理。在绘制风景时，请使用容易产生随机结果的画笔，自然不均匀，画笔产生的“快乐事故”将与自然的不可预测性很好地结合。

14 【套索】工具可以快速遮挡画面的某个区域

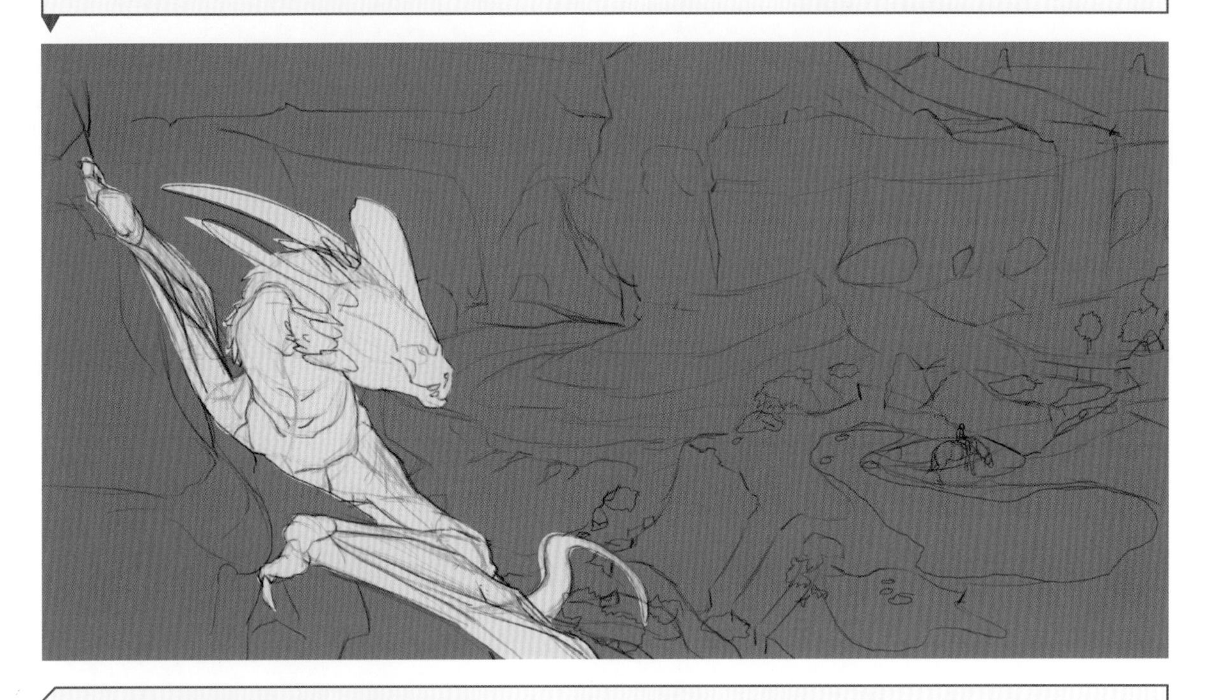

15 通过用深色覆盖一些区域，可以突出画面的主要区域

构建色调、色彩和明暗

16

一旦填充好明暗关系并且对画面构图也感到满意时，就可以开始添加颜色了。按住 Ctrl 键并单击要开始的图层，以选择一个灰度形状。保持选择层的可见性处于打开状态，在此之上创建一个新层（Shift+Ctrl+N），然后使用【颜色叠加】模式将颜色填充到所选形状。可以通过以下方式选择颜色模式：在【图层】面板的顶部单击【正常】选项旁边的箭头，将出现一个图层模式菜单，选择【颜色】选项。【颜色】模式允许你在图层上绘画，同时保持其下一层的明度值。

选择软边画笔，在【颜色】模式图层上绘画，然后松散地堆砌你选择的基本颜色。你可以使用【吸管】工具更改颜色，以便将来为画面提供更详细的颜色指南。对每个色块重复此过程，直到为画面的每个部分均上色为止。

该场景主色调为大面积红色和橙色阴影。为了使场景更加和谐，请找到可以偏离红色的区域，例如深紫色阴影或淡淡的水洼。太多相同的颜色可能会导致观者的眼睛疲劳或视觉上无趣。

17

现在已将颜色添加到画面中，你可以使用具有粗糙纹理的画笔，在新图层上开始以更多种不同的色调和纹理进行绘画。如果使用的画笔具有自然的边缘，则笔触的纹理可以模拟绘画外观，并增加视觉效果。与使用相同的纯色相比，改变颜色可以使画面更有趣。

使用较大的笔触，在处理更详细的区域时再将画笔的大小更改为较小的尺寸。你可以通过单击选项栏上的【画笔预设】面板并拖动控制画笔大小的滑块来更改画笔的大小。滑块上方框中的数字表示画笔一次覆盖的像素数。在绘制大型场景时，重要的是要具有大小可变的细节，因为这有助于给出比例的参考。

在绘画过程的收尾阶段，你将达到使用极小的画笔笔尖获得最精致细节的程度，但现在请将画笔头保持相对较大的尺寸。更详细的细节将在以后添加。为避免颜色变得混浊或混乱，在混合颜色的区域中绘画时请保持谨慎。

明确客户需求

当收到客户要求时，你应该做的第一件事是仔细通读并提取其中最重要的元素。确定图像中需要包含的关键元素，客户正在寻找的样式或流派，以及他们可能提供的任何其他特定信息，包括画布尺寸和色调选择。一旦确定了客户的目标，就可以开始研究。如果你想创作出真实可信的作品，那么进行研究就非常重要。如果你跳过研究阶段，那么只能基于有限的知识来创作艺术品，这通常会导致画面空泛而不合实际。正确地获得信息并收集参考资料之后，你可以更自信地进行绘画。

16a 从【图层】面板中选择【颜色】叠加模式

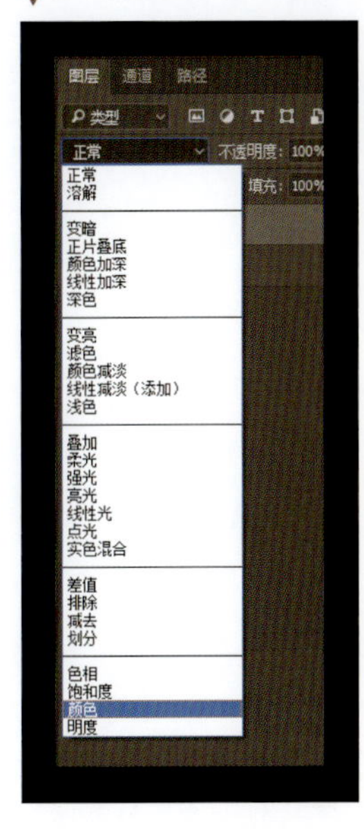

16b 使用【颜色】叠加模式，可以在保持明度的同时为画面区块添加颜色

17 通过设置效果自然的画笔和各种颜色，可以获得与传统绘画类似的观感

18

有参考色以后，就可以开始进行渲染了。从峡谷壁开始为形成大致标记的形状绘制更多细节。如果你喜欢像我这样的绘画过程，这是该过程的一个重要阶段，你可以真正深入到背景绘制工作中。

使用带纹理的画笔（如来自预设的干燥介质的木炭效果画笔），松散的笔触有助于定义岩石的形状。用较浅或较深的色调修饰纹理中出现的随机形状以表示明暗区域。使用峡谷景观的照片作为参考，以便确定峡谷壁与现实生活中壁垒的相似之处。参考在步骤 15 中创建的明暗结构层，以确保明暗关系匹配该结构，并且确保之后过程中添加照明时不会造成问题。

要快速更改画笔加载的颜色，可单击工具栏底部附近的【设置前景色】图标。弹出窗口【拾色器（前景色）】带有一个色板，你可以从中进行选择。画笔已经加载的颜色显示在【当前】字段中，当单击色样时，选定的颜色将显示在【新的】字段中。当你满意选择的颜色时，单击【确定】按钮，然后画笔将加载使用新颜色。

19

通过在场景地面和前景上绘制更多的颜色和纹理细节来继续渲染风景。尝试对前景、背景和中层地面使用单独的图层，还应使用单独的图层来保持绘制的高光和独立的阴影。当你朝前景移动时，也同时向观众移动，颜色和纹理的混合需要变得越来越微妙才能令人信服。你可以使用多种技术来混合颜色，例如使用调色板进行工作，这将使颜色选择保持纯正。但是，更灵活的方法是在绘画时使用【吸管】工具选择颜色。该工具使你可以从场景中选择同一种颜色，并且可以使用一种便捷的技术在绘画时快速更改颜色选择。

从工具栏中选择【吸管】工具（或按快捷键 Ctrl + I）后，在选项栏中单击【取样大小】选项将使你能够从单个像素获取颜色，而其他样本大小较大，并且能够混合样本区域中发现的所有颜色。诸如【5 x 5 平均】之类的选项会随着时间的流逝而使颜色变得混乱，因此请使用【取样点】模式。选择【吸管】工具后，只需单击一个颜色区域，它就能成为绘画的新前景色。

绘画时创建混合画面的技术过程是选择颜色、绘制笔触、选择其他颜色以及绘制新的笔触继而不断重复。这会创建更复杂的颜色变化，但是由于使用了【吸管】工具，因此颜色与场景中已经存在的颜色并没有变化。在画笔绘制过程中按 Alt 键，能暂时将画笔切换为【吸管】工具。然后可以从场景中选择一种颜色，放开 Alt 键时，该工具将自动切换回画笔。初看似乎很复杂，但是当你习惯操作后，这便是一种快速简便的技术操作。

打印颜色

如果在【拾色器】窗口中你选择的颜色旁边出现警告标志，则表明该颜色可能无法正确打印。最好的做法是使用可以安全打印的颜色。另外请记住，你的画笔只能使用顶部预览框中的选择进行绘制。

18 用浅色和深色点缀背景，使背景更具层次感

19 在绘画时使用【吸管】工具选择相似的颜色来混合岩石的颜色

自定义画笔

20

Photoshop 的一项非常实用的功能是能够创建自定义画笔。自定义画笔是通过捕获现有图像或纹理资源并将其保存而制成的画笔，以便可以与 Photoshop 的任何标准画笔相同的方式使用。此功能为数字绘画风格开辟了无限可能，无论你需要什么，都可以制作出完全适合此工作的画笔。

对于这个场景而言，我将绘制许多圆形的岩石，如图 20 所示，并且可以模拟弯曲阴影形状的画笔将非常有用。要创建自定义画笔，你需要打开一个新的 Photoshop 文档（【文件】>【新建】选项或按快捷键 Ctrl + N），大小约为 1200 像素 × 1200 像素，像素设置为 300 dpi。制作自定义画笔时，为避免画笔拉长，画布必须是正方形的。

21

新画布，已经准备好可以开始创建新的画笔了。首先你需要进行灰度处理，因为画笔不需要考虑颜色，你可以更改使用其绘画的颜色。在这种情况下，灰度代表图像或纹理的值，黑色代表笔触的区域将完全不透明，而白色则代表完全透明的区域。

你可以将图像导入 Photoshop 并对其进行修改以满足需要，然后再将其变为画笔（详见本书第 44~51 页），或从头开始创建一个图像。在这种情况下，我们将为画笔创建一个全新的图像。从工具栏中选择一个带纹理的默认画笔，并加载灰色渐变画笔。画笔应开始变黑并逐渐消失，因此在绘制时应降低不透明度设置或更改画笔的灰色选择。尝试使绘制的形状不规则，当使用画笔时，将显露画笔图像痕迹的风险降到最低。

当你对画笔的图像结果感到满意时，请选择【编辑】>【自定义画笔预设】选项。将出现一个弹出窗口，要求命名画笔，以便识别它，然后单击【确定】按钮将图像保存为自定义画笔。

22

现在可以在【画笔预设】面板中找到新的画笔。选择它，然后打开【画笔】面板以选择【形状动态】和【传递】选项进行设置。作为最后的调整，你也可以单击【双重画笔】设置。【双重画笔】可以同时组合两个画笔的效果，从而获得更复杂的笔触。选择【双重画笔】选项，然后单击以打开设置选项。从出现的画笔菜单中，选择另一个画笔与新创建的画笔混合。这将为画笔添加纹理，使之看起来不像条纹。

两个画笔交互的方式取决于面板顶部设置的模式，以及底部的【大小】【间距】【散布】和【数量】滑块。我强烈建议你尝试一下这些设置，并看看可以出现哪些有趣的效果。当你对设置满意时，请使用【吸管】工具选择合适的岩石颜色，并开始在巨龙下面的圆形岩石表面绘制阴影凹痕和缝隙。

变亮图层

有时某个区域的对比度太大，需要提亮。在这种情况下，使用【变亮】图层可以轻松解决问题，而无须重新绘制整个画面。通过创建新图层（Shift + Ctrl + N）并将其设置为新图层弹出窗口中的【变亮】模式（将【颜色】选项保留为空白，然后单击【确定】按钮），可以使【图层】面板中该图层下面的所有图层变亮。在【拾色器】窗口中，选择一种颜色以使图像变亮，然后选择【画笔】工具。用软边画笔在要提亮的地方轻轻刷一下，注意不要太用力，以免颜色被漂白。如果颜色不能很好地啮合，则可以通过按Ctrl + U打开【色相/饱和度】窗口来调整图层的颜色。使用【色相】和【饱和度】滑块调整图层效果，直到看起来正确为止。

20 需要自定义画笔来模拟岩石缝隙

21 通过在新画布上绘制灰度图像来创建自定义画笔，然后使用【定义画笔预设】功能将其保存

22 通过创建新画笔，我拥有了一个可以过渡到阴影的画笔，而无须手动混合

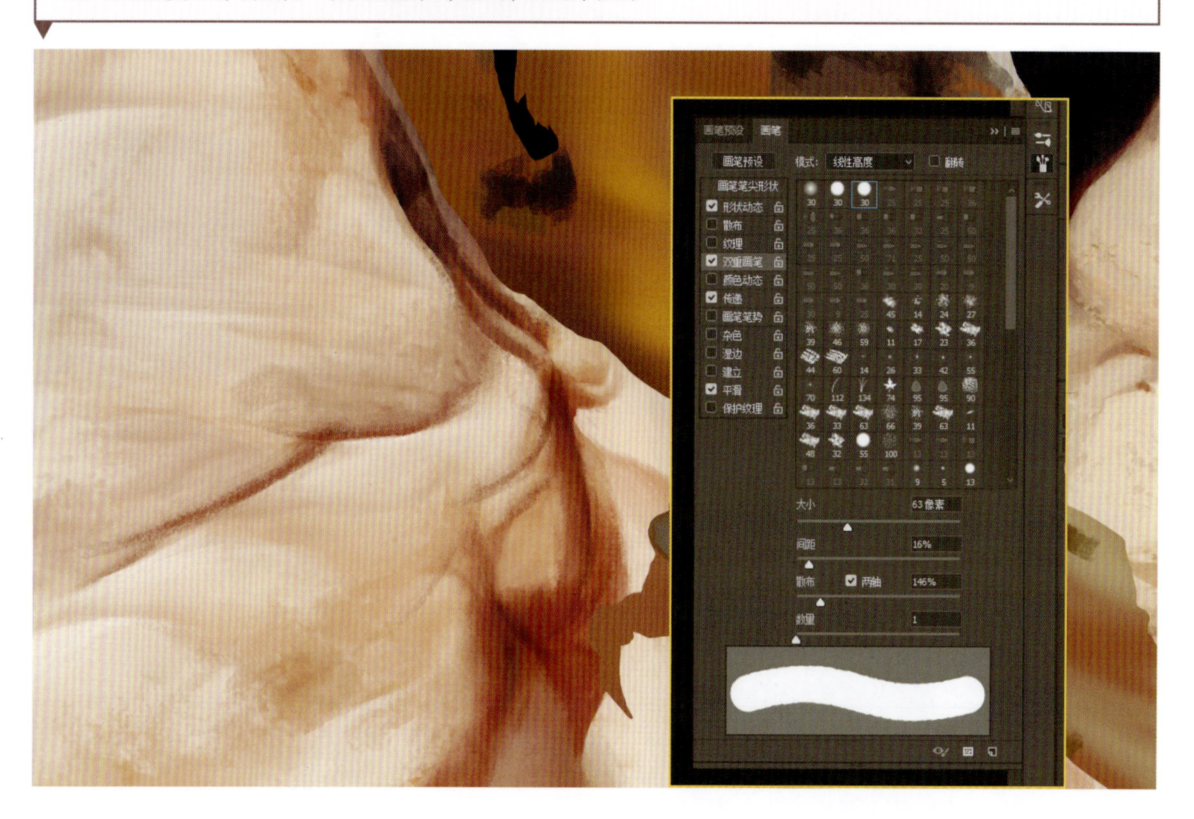

绘制树木和植被

23

当你开始绘制需要更多纹理的区域时，重要的是要确保拥有适合该区域的画笔。任何具有有机外观的默认画笔（如粗糙边缘画笔、斑点画笔等）都是不错的选择。Photoshop CC 包含【自然画笔 2】画笔，可用于创建有机纹理。从绘制峡谷岩石开始，你需要在景观中绘制一些植被，因此请选择可以模仿远距离观看的大量植被画笔。你可以为此创建另一个自定义画笔，但是在本次情况下，在【画笔预设】面板中使用预设画笔的设置就足够了。

从【画笔预设】面板中选择画笔，然后打开【画笔】面板。在这种情况下，选择【散布】和【双重画笔】选项。【散布】设置可以更改笔触中产生的碎片数量及其分布方式，从而使笔触具有更随机的外观。你可以使用【散布】【数量】和【数量抖动】滑块来更改此设置。

在【双重画笔】选项中选择第二个有机画笔，然后调整【双重画笔】和【散布】的设置以创建合适的灌木效果。这不是自定义画笔，而是可以用来满足更具体的绘画需求的另一种方法。但是，你可能会发现较大的或质地较深的双重画笔设置会影响画笔的响应速度。

24

现在你有了合适的画笔，可以开始绘画树木了。初看树木的绘画似乎极其复杂，但是如果你将其作为一个整体观察，会发现它们实际上只是形状不规则的球体。可以将树木涂成块状颜色，然后给其加亮、中间调和阴影以创建深度。这时可以使用高光和阴影使它们看起来数量众多。使画布视图保持缩小状态将有助于限制植被构成的细节。通过使用新调整的画笔并注意绘制深度，可以快速定义基本植被。

首先，创建一个新图层，然后选择一个绿色中间调作为植被的基础。将一簇叶子画成抽象的圆形（见图 24a）。将工具切换到【橡皮擦】工具，然后选择一个较小且锐利的橡皮擦，再去除树叶边缘周围的一些模糊的形状，就会产生尖尖的叶子团块的尖刺效果（见图 24b）。

要添加高光，请再次拿起已调整的画笔，然后选择一个更浅、更亮的绿色，在基础颜色上方的树叶顶部绘制高光（见图 24c）。还可以减小画笔大小，以使用更浅的阴影进一步细化结构。接下来打开【拾色器】窗口以选择较深的绿棕色，将其涂在树叶的下面，以模拟阴影区域和浓厚的树叶团块，用来遮挡光线（见图 24d）。

最后，使用【吸管】工具从已经绘制的阴影岩石区域中选择深色。返回到【画笔】工具，并使用此新颜色在树下绘制阴影区域（见图 24e）。阴影能够提供植被的许多信息，例如树的高度和形状。将阴影直接放置在树叶的下面有助于使人感觉到场景高出树木的上方，在此场景中，树木位于峡谷的底部。如果树的位置较高，则可以选择棕色，并在树干、叶子和阴影之间的树枝上粗略绘制颜色。

23a 带纹理的【双重画笔】测试样本，为需要做的植被工作做准备

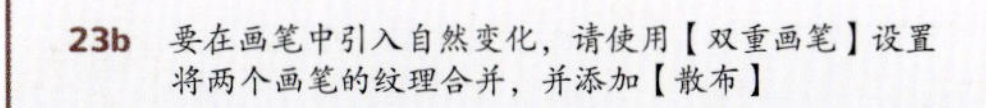

23b 要在画笔中引入自然变化，请使用【双重画笔】设置将两个画笔的纹理合并，并添加【散布】

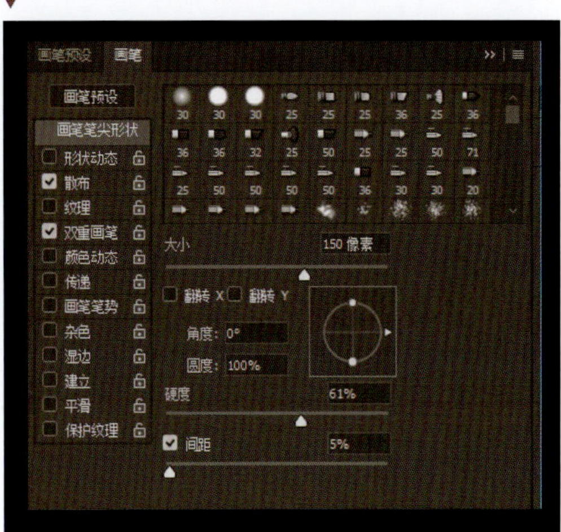

24 从基本结构开始，添加高光和阴影，完成一棵树的绘制工作

25

我最偏爱的技术之一是复制图层。如果你计划在一个单独的图层上拥有多个版本的对象，则可以重复复制该图层以快速在整个场景中填充对象。该场景中的树木尤其适合此操作。

要创建现有图层的副本，可以选择该图层，选择【编辑】>【复制】选项（Ctrl+C），然后选择【编辑】>【粘贴】选项（Ctrl+V）。或者，单击要复制的图层，然后将其拖放到【图层】面板底部的【创建新图层】图标上。你也可以右击图层，然后从菜单选项中选择【复制图层】选项。无论使用哪种方法，都将在原始图层的正上方创建一个重复图层。你可以多次重复此过程，直到拥有所需的树木为止。

要将树木放置在不同的位置，请单击相关图层，然后从工具栏中选择【移动】工具。接着单击树木将其拖动到新位置，并使用对象边缘周围的标记调整其大小（在调整大小时，按住Shift键可使树保持比例）。你还可以使用【画笔】工具多画一些树木，以增加多样性。如果仔细观察图像25a，你会发现树木只是彼此的复制品，并带有一些额外的颜色笔触，从而使重复的特征不太明显。

26

绘制灌木与树木相似。可以用来快速生成多个灌木的有用技巧是使用【混合器画笔】工具。通过单击并按住【画笔】工具以打开带有更多工具选项的菜单，从工具栏中选择工具。【混合器画笔】工具可用于在画布上将多种颜色混合在一起。创建一个新图层，并在选择【混合器画笔】工具后，转到选项栏，单击标记为【当前画笔载入】的方形图标，弹出【拾色器】窗口。使用此窗口选择要使用的纯色。

仍查看选项栏，选择【对所有图层取样】选项，然后将工具模式设置为【干燥，深描】选项。【对所有图层取样】选项使你能够混合来自不同图层的颜色，而可用的不同工具模式会强烈影响你使用【混合器画笔】工具所获得的混合效果。例如，【湿润，浅混合】模式将轻松地与画布上的颜色融合并像油漆一样涂抹。【干燥，浅描】模式将很快用完样本颜色，使你需要经常选择新颜色。在这种情况下，请使用【干燥，深描】模式，这种模式产生的混合非常有效。此模式将帮助你避免模糊的色彩效果，但可用于绘制较大的表面区域。取消选中选项栏上的其他选项。

现在移到【画笔】面板，将工具设置为【形状动态】，以便在绘画时画得越硬，灌木越大。这将使你只需花费很少的精力就可以在灌木丛中获得千变万化的效果。现在，你可以用新图层来使用【混合器画笔】工具进行实验。你可以删除或关闭实验层的可见性，然后再继续进行下一步，在此我们将绘制灌木。

25a 可以在整个场景中复制并填充树木

25b 可以通过右击并从菜单选项中选择【复制图层】来实现图层复制

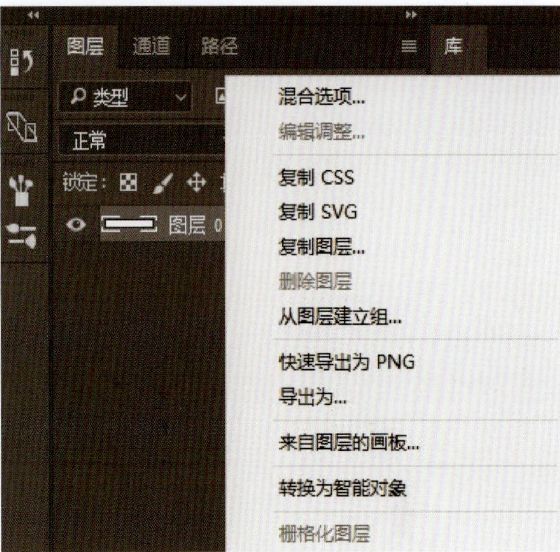

26 使用【混合器画笔】工具轻松进行平滑过渡

27

【混合器画笔】工具让你可以使用场景中的样本进行绘制；因此，可以将已经制成新灌木的笔触重新利用。为此，请创建一个新图层，并使用上一步中列出的设置选择【混合器画笔】工具。单击【当前画笔载入】图标，而不是选择要使用的纯色，在出现拾色器吸管时，按住 Alt 键并单击要采样的树上的一个点。现在将使用该区域的多种颜色加载【混合器画笔】工具。使用【混合器画笔】工具在画布上着色以绘制灌木。

28

在新图层上，使用任何你喜欢的画笔和颜色绘制粗糙的马匹剪影，有助于为植被的规模提供背景信息。

回到植被区域，需要在树木和灌木丛下添加最后一层绿化植物以使迷你绿洲更具说服力。从观看者的角度来看，植被距离足够远，无须担心纹理。改变植被下方的地面也将减少该区域吸引的注意力，因为有时对比色会引起过多不必要的关注。

创建一个新图层并将该层向下拖动到植被图层中，使其位于其他植被层的下方。从现有的树木和灌木丛中拾取颜色，使用常规的画笔和颜料刷一些绿色的斑点。继续绘画时，请添加一些黄色和绿色以提供一些变化，然后使用选项栏更改画笔大小。太多相同颜色和笔触看起来会很不真实。在此处的图像中我进一步填充了背景部分，如水洼。你可以使用【图层蒙版】来创建可以在内部绘画水洼的多个区域，以使水塘边缘周围的线条及水的外观保持清晰。有关使用【图层蒙版】的快速指南，请参阅本书第 56~57 页。

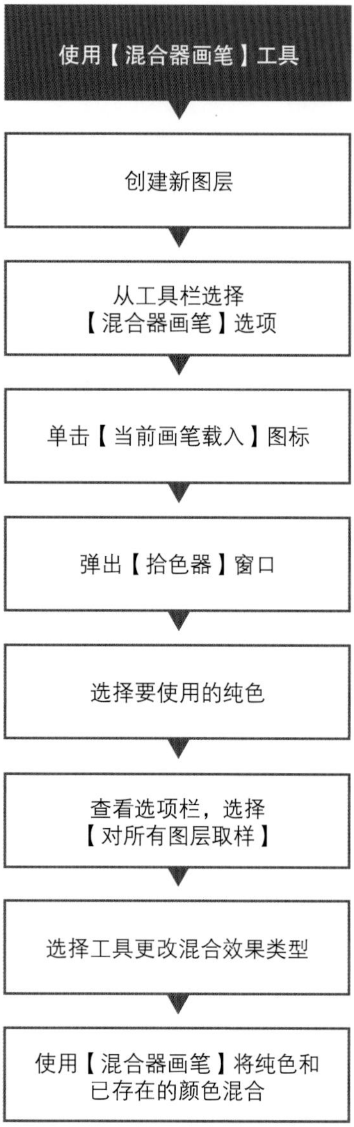

使用【混合器画笔】工具

↓

创建新图层

↓

从工具栏选择【混合器画笔】选项

↓

单击【当前画笔载入】图标

↓

弹出【拾色器】窗口

↓

选择要使用的纯色

↓

查看选项栏，选择【对所有图层取样】

↓

选择工具更改混合效果类型

↓

使用【混合器画笔】将纯色和已存在的颜色混合

27 可以使用【混合器画笔】工具快速绘制灌木

28 地面覆盖层有助于定义植被茂密的区域，并降低树木和岩石之间的对比度

绘制巨龙

29

现在背景已经充实，是时候开始绘制巨龙了。创建一个新图层，并使用纹理画笔和粗略绘制的巨龙图层作为指导，对巨龙进行更详细的绘制。

巨龙的一个重要元素是表示其危险性的角。可以使用【套索】工具来绘制角。通过在要放置角的区域周围拖动【套索】工具来绘制选区。选区完成后，切换回【画笔】工具，并在选区内部使用类似骨头的颜色进行绘制。

如果你勾选了一个选区但是想要在选区边缘的外侧绘制，并且需要使其与选区完美重合，可以反向选择选区。通过反向选择选区，你可以在选区外部绘画，并且在进行选择时不会影响选区内部的区域。要进行反向选择，请创建一个普通选区（如用【套索】工具对龙角所选择的选区），右击将出现一个选项菜单，可以选择【选择反向】选项（或使用快捷键Ctrl+Shift+I）。巨龙的角是使用反向选择的好地方，因为干净的线条将帮助角从巨龙的头部突出。设定好角的选区并在选区内部进行绘制直至边缘，然后反向选择选区并开始对角周围的皮肤进行绘制，从而形成清晰的轮廓。

继续绘制龙身细节，注意以有助于使结构清晰的方式进行绘制。如果皮肤上有折痕并且你正在处理其阴影，请考虑折痕并遵循其结构进行绘制。

考虑一下光影会如何影响你要绘制的表面：是否应该将画笔颜色更改为较浅或较深的颜色以与此相对应。如果皮肤上有凹凸，添加少量的高光和阴影将极大地提高观众对该表面的理解。

如果想将作品提升到一个新的水平，你应该意识到每一个笔触都是非常重要的，最坏的行为是随意涂抹，却不知道为什么要添加这些笔触。

材质对比

在数字绘画中，能够准确地绘制各种材质非常重要，尤其是在作为概念绘画师工作时，你的图像将用于在生产过程的早期解释创意。为此，你需要弄清楚每种材料的独特之处。材料中最主要的两个因素是纹理和反射率。例如，如果岩石旁边有金属，则可以通过向金属添加一些光泽并为岩石添加多孔纹理来区分两种材料。这样做可以极大地提高观众的信息获取和理解力。如果你是概念艺术家，这将帮助建模和纹理艺术家稍后在生产过程中处理图像。

29 反向选择可以绘制出非常锐利的边缘

绘制选区

使用选区进行绘画是一个很好的组合方式，但是它会使绘画看起来“数字化”。完美的边缘使许多艺术品具有美感但会削弱一些绘画表达。要解决此问题，请在删除选区后，到非常干净的选区边缘通过一些笔触用小隆起和小细节打破僵直的边界，使线条看起来更自然。有时，你可以在主要焦点上留下清晰的边缘以产生对比度。这确实是一个艺术家的喜好问题，因为有些艺术家喜欢锐利的图形外观，而另一些则倾向于其他绘画风格。

巨龙身上的某些选区边缘太锐利，可以通过添加一些笔触来解决此问题

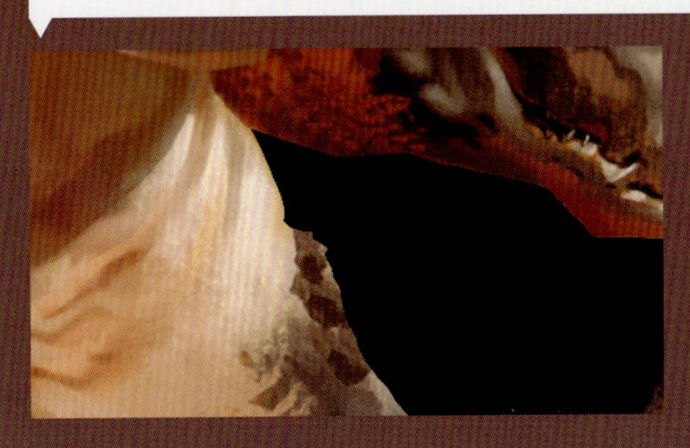

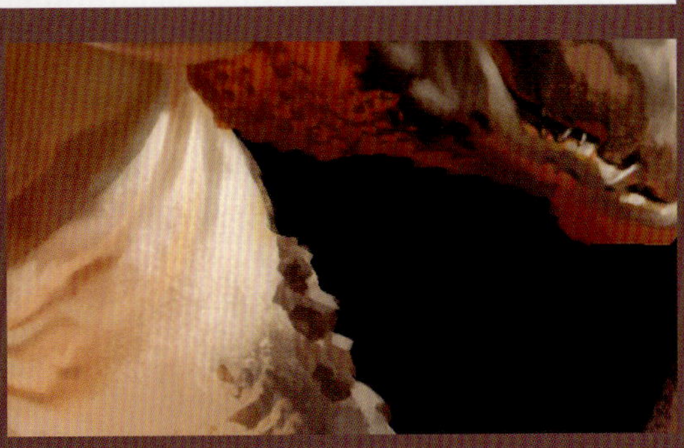

30

增强了巨龙的头部形状后，角现在看起来非常平坦且不真实。在这种情况下，它们需要显示为圆柱形态以产生 3D 效果。为了使物体具有圆柱感，首先需要了解光源照射到圆柱形物体上，包含三个基本元素：高光、阴影和反射。在此绘画的角上（水平放置在画布上），高光应落在角的顶部，阴影应贯穿中心，反射将位于龙角下侧。还应考虑光源的类型，因为暖光与冷光需要不同的色调，并且不同光源的强度之间存在差异。

要绘制出这些色调效果，请选择【画笔】工具，然后在工具栏中单击【前景色】。在【拾色器】窗口中选择一种颜色，使用较亮的颜色来绘制高光，使用中间色调的颜色绘制反射的光，并使用较深的颜色绘制阴影。用光滑的画笔在龙角色调调色板内工作以保持自然的骨骼效果。这种光照方法可用于任何圆形的物体。

31

评估图像进度的一种实用方法是翻转图像，这将为你提供新的场景视角。当长时间处理图像时，你会习惯于所看到的内容，因此很难发现眼前的问题。翻转图像能使你获得全新的视角，以前从未注意到的问题会突然跳出来。要翻转画布，请转到顶部栏，选择【图像】>【图像旋转】>【水平翻转画布】选项。如你所见，图像旋转菜单还为你提供了将图像旋转到一定程度并在需要时垂直翻转图像的选项。

暗示规模

创造规模感非常重要，尤其是当你想要传达事物的大小时。一个非常简单的技巧是在前景附近放置跟远处重复的对象。如果在前景中放置一个熟悉的物体（如一棵树），然后在远处的大石头旁边放置另一棵树，则观众可以推断出，相比之下，这个石头实际上是非常巨大的。

30 为龙角提供高光、阴影和反射可营造圆润感

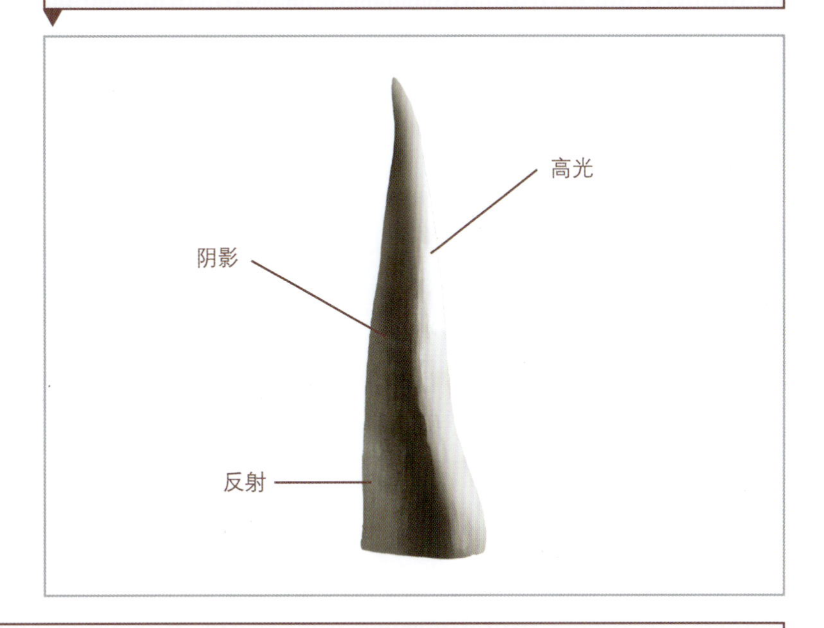

31 翻转画布可以帮助你发现被忽略的问题

32

在查看画面时，我注意到悬崖的角度不是很正确，似乎过于激进。要解决此问题，我需要使角度与场景的透视线对齐。可以选择重新绘制该部分，更简单的方法是复制悬崖的一部分并使用【斜切】工具。

通过选择图层将悬崖图层合并在一起（在【图层】面板中单击每个图层时按住 Ctrl 键），右键单击，然后从出现的菜单中选择【合并图层】选项。现在悬崖图层已合并为一层，请使用【套索】工具在悬崖周围进行选择，可以复制和倾斜。若要复制选区，请右键单击该选区，从弹出菜单中选择【通过拷贝的图层】选项；这将在新图层上创建悬崖的副本，你可以更改该副本，而不是从原始图层中裁切选区。

在仍选择【套索】工具的情况下，右键单击选区，从菜单中选择【自由变换】选项，然后右键单击并从出现的新菜单中选择【斜切】选项。现在，你可以在悬崖的远处拖动以快速进行调整使其符合你的透视。

33

当没有直线可以增强视角时，处理透视可能会很棘手。如果某个区域看起来很模糊，则可能需要对表面纹理进行调整，以使透视线具有微妙的自然观感。由于此场景中的悬崖已经有垂直裂缝，因此可以沿着悬崖添加一些其他裂缝，以帮助确定透视关系。

要绘制这些裂缝，请返回【画笔】工具并选择与最初用于在岩石表面绘画相同的纹理画笔。在工具栏上单击【设置前景色】图标，使用【吸管】工具从图像中现有的裂缝中选择一种颜色，以较深的阴影颜色加载画笔。使用画笔沿悬崖面以不规则的间隔绘制小的垂直裂缝。还可以将画笔颜色更改为较浅的色调，从现有的颜色中再次选择颜色，以绘制山脊的垂直条纹从而创建更多的视觉多样性。虽然调整幅度很小，但它为观众提供了足够的信息以了解场景中的视角。你可以在图 33 中看到对比画面。

定期检查

插图的细节处理起来非常容易“过”，因此，每隔一段时间你应该退后一步，以确保作品仍按照你想要的方向前进。你可能在作品的特定部分上花费过多时间，以至于没有意识到画面平衡已受到影响，并且添加了太多不必要的信息。因此，定期查看整个图像非常重要。在Photoshop中，可以暂停绘制，并使用位于工具栏上的【缩放】工具或按Ctrl+–进行缩小，以查看图像是如何整体融合在一起的。

偶尔休息也很有益，因为当你的头脑沉浸在作品中过长时间时，很容易迷失。稍事休息再返回工作可以帮助你更清晰地查看图像。如有必要，可以创建一个新层，并使用基本画笔标记需要改进的区域。

缩小图像并定期检查可以帮你轻松明晰需要调整的区域

32　【斜切】工具可用于固定悬崖的角度

33　诸如岩石裂缝之类的小创意添加可以帮助明确模糊的透视

变换工具

34

每当需要调整图稿中某些内容的大小或形状时，【自由变换】工具都是首先会用到的。它使你能够以自己喜欢的任何方式操作对象，可以调整大小、扭曲、倾斜、旋转，甚至将透视图应用于对象。如果对象太大、太小或形状不正确，则可以轻松进行调整。

选择自由变换工具，可以按快捷键 Ctrl＋T 或选择【编辑】>【自由变换】选项。激活【自由变换】后，将在所选图层中的对象周围看到一个细框。你可以在框的边缘周围拖动标记以对其进行操作，如果在拖动一个角的同时按住 Shift 键，则可以统一调整对象的大小。对所做的调整感到满意后，请在框架内部双击或按回车键进行应用转换。

如你所见，当倾斜悬崖角度时，还可以使用【自由变换】访问其他变换工具选项。如果在使用【自由变换】时在所选对象周围显示的框架内右击，将出现一个新的选项菜单。【扭曲】对于操纵对象非常实用，它使你能够拉伸和拖动物体。当你需要将选择内容固定或适配到指定空间（如环境）时，此功能非常实用。

通过使用【套索】工具选择选区并右击，从弹出的菜单中选择【通过拷贝的图层】选项以复制绘画作品。在这种情况下，我想看看是否可以使龙头上的山脊变得更有趣，所以我选择了该区域。在新图层上进行选择后，按 Ctrl＋T 切换到【自由变换】模式，然后在选区框内右击，并从弹出菜单中选择【扭曲】选项，这将在框架中添加网格。使用框架周围的标记使网格变成斜角并将所选内容变形为新区域。我使用【扭曲】将巨龙的头脊以大弧线形式向右伸展。

这看起来令人印象深刻，但在场景中却也让人分心，并且使巨龙的头部看起来非常笨拙，因此我决定不使用此选择。但是，如果你对所做的更改感到满意，则可以按回车键将其保存。

35

如图 35 所示，当你尝试将元素与场景的透视匹配时，【斜切】工具非常实用。针对此场景，我想看看如何调整在龙头后部的龙角使其看起来更危险。

同样，使用【套索】工具进行选择，然后按 Ctrl＋T 选择【自由变换】选项。右击并从弹出的菜单中选择【通过拷贝的图层】选项，将所选内容复制到新图层上。再次在选区内右击，然后从弹出的菜单选项中选择【斜切】选项。【斜切】看起来与【自由变换】没有明显区别，但是标记将在水平边缘上左右移动，在垂直边缘则上下移动，而不是从内向外移动。【斜切】对于在元素上创建倾斜或拉直结构非常有用。如果拖动对角标记，则可以更好地控制对象的倾斜方式，并且可以创建锐角或钝角的梯形形状。

对于此幅作品，我选择并倾斜最大的龙角以使其显得更加突出和具有威胁性。通过拉动左上角的标记，我将该龙角从其他龙角上拉开，然后使用标记沿结构顶部向外扩展。将龙角设计成危险慑人的角度，虽然可以用来抓住捕食者，但会过于分散注意力，因此我选择不使用它。如果要应用【斜切】的改动，可按回车键确认调整即可。

34 【扭曲】工具可急剧改变现有元素造型，例如龙头

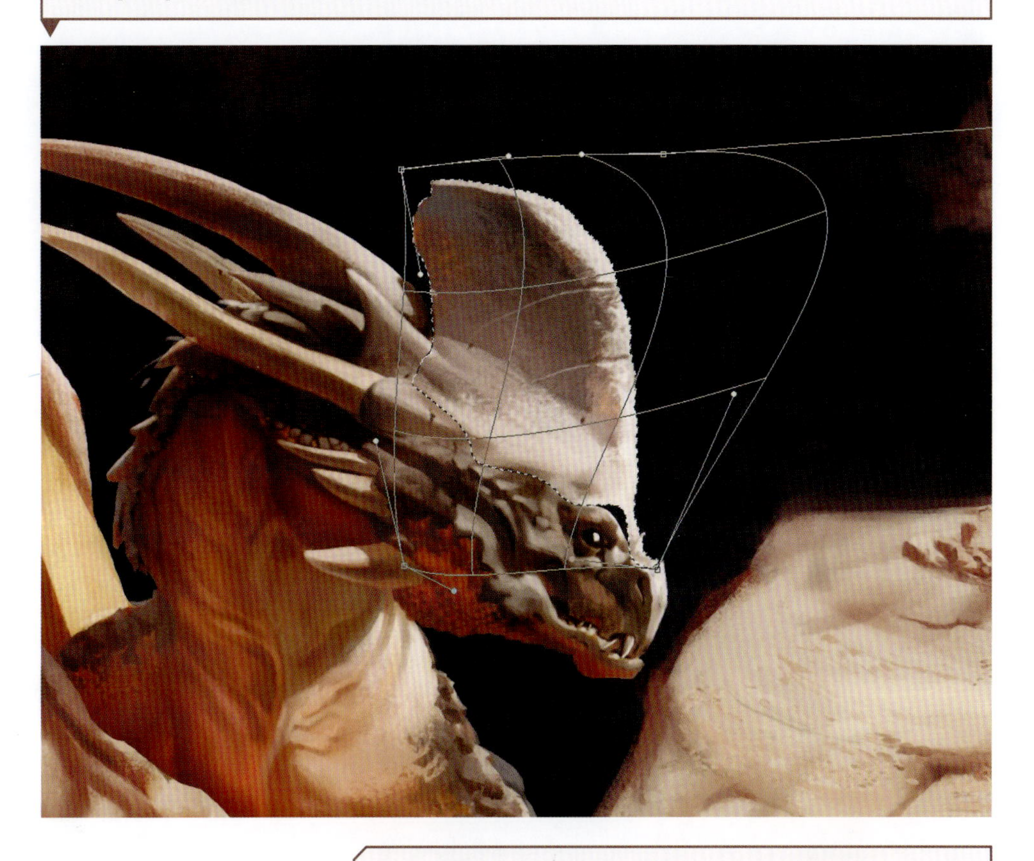

35 【斜切】工具在尝试重新对齐对象或更改角度时很实用

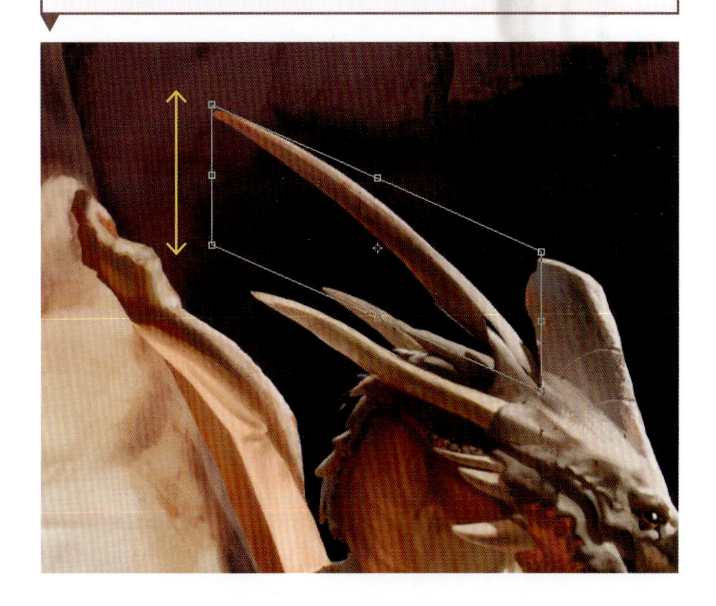

绘制瀑布

36

为了加强峡谷与小型绿洲的对比观感，骑手可能想在此停下来，并为画面增加透视感，可以在画面中绘制瀑布。这样可以防止观众的视线从页面边缘移开，并将视线重新吸引到马和骑手身上。

要绘制瀑布，首先要创建一个新图层，然后选择【画笔】工具。使用白色粗糙画笔轻拂从悬崖上掉入水塘的水，确保用清晰的笔触来描绘水波和水雾，这些水波和水雾是由水撞击池底而产生的。

接下来，切换到软边画笔并保持相同的颜色，使用粗糙笔触绘画以填充周围空间，使瀑布周围出现薄雾。现在若要效果更加逼真，请选择较亮的白色调，并在悬崖的顶部添加明亮水波纹反射。用较小的硬画笔和相同的亮白色在水面绘制一些水波纹，以增加水的湍流感。

当我添加涟漪时，我注意到瀑布下面的水池不能很好地反映崖壁的颜色。要更改此设置，请转到崖壁图层，然后使用【吸管】工具从崖壁中选择一种颜色。选择红色后，返回水塘所在的原始层，将【画笔】工具更改为软边画笔，并在池中绘制平滑笔触以调整颜色。

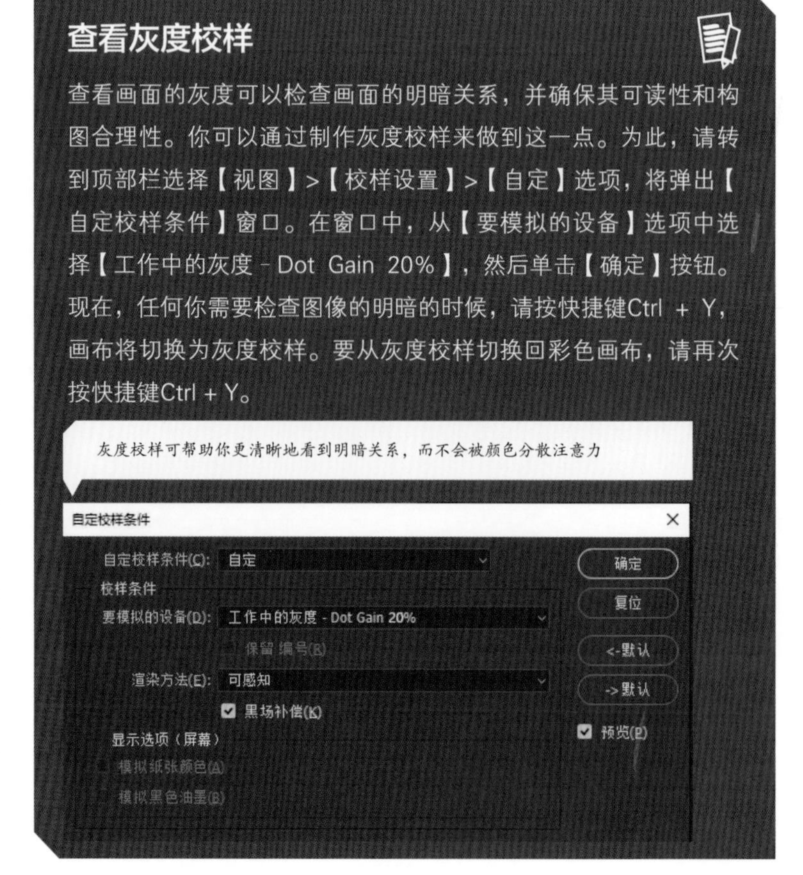

查看灰度校样

查看画面的灰度可以检查画面的明暗关系，并确保其可读性和构图合理性。你可以通过制作灰度校样来做到这一点。为此，请转到顶部栏选择【视图】>【校样设置】>【自定】选项，将弹出【自定校样条件】窗口。在窗口中，从【要模拟的设备】选项中选择【工作中的灰度 - Dot Gain 20%】，然后单击【确定】按钮。现在，任何你需要检查图像的明暗的时候，请按快捷键Ctrl + Y，画布将切换为灰度校样。要从灰度校样切换回彩色画布，请再次按快捷键Ctrl + Y。

37

现在瀑布绘制完成了，我意识到它在画面中感觉过轻，无法适应构图。该区域通常需要更暗的色调，因为它位于峡谷的阴影中。在这种情况下，有两个选项供你参考：一是可以返回并手动编辑每个图层，也可以使用【变暗】图层叠加模式同时调整所有图层。最有效的方法（对于专业过程而言是最佳选择）是创建新图层（Shift + Ctrl + N）并将图层模式设置为【变暗】。

你可以通过单击【图层】面板顶部的下拉菜单，然后从列表中选择【变暗】选项来执行此操作。现在，使用【吸管】工具从场景现有阴影中选择一种颜色，并使其变亮以适应白色瀑布。使用设置为低不透明度的软边画笔在瀑布上晕染。任何比此颜色更深的颜色都将保持原样，任何比此颜色浅的颜色都会变暗以匹配颜色。这是因为【变暗】仅影响比所选颜色浅的区域。更改后的瀑布更适合场景的明暗构成。

36 将粗糙笔触和柔和笔触结合使用来绘制瀑布

37 用暗化图层调整来降低瀑布的明度，以匹配瀑布所在的阴影区域

进一步调整光线和阴影

38

【渐变】工具的功能似乎是不言自明的，但实际上对于数字绘画师来说它还有很多其他非常实用功能。在工具栏中选择【渐变】工具或按G键。现在目光看向选项栏：左侧是预览图标，当你单击旁边的箭头（见图38a）时，可以选择多种类型的渐变预设。如果单击预览框本身，甚至可以创建自定义渐变。在选项栏中，还可以选择渐变形状和要应用的渐变模式。但是，同时使用多个渐变会影响渐变效果的形状和方向。

数字绘画师最常用的【渐变】工具是在需要光源渐变（如一缕阳光）的情况下使用的。【径向渐变】选项非常受欢迎，因为它可以使绘画的一部分变得明亮而充满活力，并逐渐淡化为较暗的色调。你可以在【叠加】模式下使用【径向渐变】来创建明亮的聚光灯，但是这会影响整体明暗关系，因此请留意这一点。

在此场景中，【径向渐变】可用于显示强光照射到崖壁上方的峡谷顶部，这将增加悬崖阴影的对比度（见图38b）。为此，请创建一个新图层，从工具栏中选择【渐变】工具，然后在选项栏中选择【径向渐变】选项。将模式更改为【叠加】并降低不透明度，以便使渐变具有非常明亮的效果。在画布上，单击并拖动一条线进行标记，将其放置在渐变中心，释放光标时将应用渐变。

39

翻转图片时，我注意到的另一件事是，巨龙鼻子旁边的阴影对齐方式令人迷惑。头部和背景似乎在同一透视平面上。仅通过向左移动阴影使其位于巨龙后面，就可以解决此问题，并大大增强空间感。

要移动阴影，请使用与重新调整峡谷悬崖边缘相同的技术。选择阴影图层，然后使用【套索】工具选择巨龙鼻子旁边的区域，右击选区在弹出的菜单中，选择【通过拷贝的图层】选项。在新的选区中，按快捷键Ctrl + T并右击复制的选区。在出现的菜单中，选择【变形】选项，然后使用标记来扩展选区中阴影和亮面之间的曲线分隔。对结果感到满意时，可按回车键或双击选择。

38a 【渐变】选项可以根据图像情况创建合适的渐变

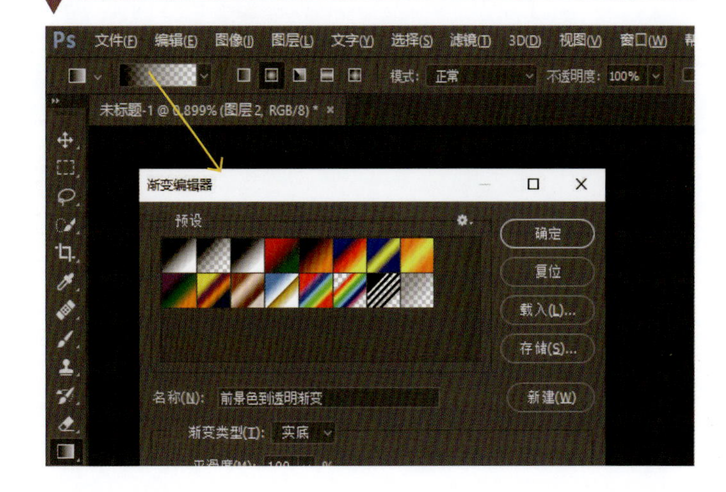

38b 可以将【径向渐变】应用于背景以照亮区域

39 有时将物体彼此相邻放置，可能会破坏它们之间的距离感

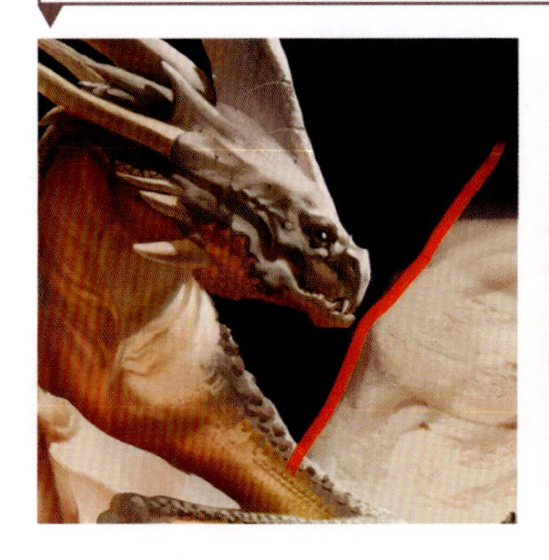

40

进行绘画时，重要的是明确什么能区分物体的表面或材质。例如，水具有很强的反射性和光泽度，而沙土材质则不是。通过在水面上添加微光，可以帮助区分彼此。

要在水面上绘制闪烁效果，请创建一个新图层，设置为【叠加】模式。选择【画笔】工具，然后将画笔设置为浅蓝色。用软画笔在水上轻轻绘制，以暗示水中晴朗天空的反射。然后创建第二个新图层，并切换到白色小号画笔，在水的边缘绘制小细节，以显示明亮的光线反射。

最后，添加另一个新图层，并使用浅灰色的大号软边画笔模拟水面上反射的云。通过选择【滤镜】>【模糊】选项，应用模糊滤镜以柔和笔触，从出现的菜单选项中选择一种模糊滤镜。选择基本的【模糊】选项将增加真实感，并加强晴天的效果。

41

在这个场景中，骑手和马会相对较小，因此不必在其身上绘制过多的细节。最应注意的是，确保他们能吸引人的注意力，因此请选择深棕色为马匹上色，并为骑士提供鲜红色的战衣。将画布放大至300%进行绘画，或使用【套索】工具对其进行选择，然后使用【通过拷贝的图层】选项复制选区。现在选择复制的选区，使用【移动】工具放大选择。完成对马和骑手的绘制后，可以使用【移动】工具再次缩小选择范围，然后使用【自由变换】将其移动到场景中的适当位置。

在绘画时使用参考图，可以指导你注意马匹和骑手光影区域的明暗构成。你可以使用同一个画笔来绘制所有这些元素，因为它们处于画面远方。可以更改画笔颜色，并根据要绘制的区域大小或快速添加细节来调整画笔大小。你需要专注造型和构成，因为它们最引人注目，并有助于观众了解作品内容。使用单一的深色平滑的画笔在马匹下方添加阴影以引起观众注意，并为马匹和骑手增加真实感。

云层效果

场景作品中经常被遗忘的元素是云层对环境的影响。通常初学者会绘制充满阳光的场景，或者将云层添加为景观后面的平面背景。云层是在景观上方动态移动的物体，改善场景的一种好方法是将其视为实体。也可以将它们视为突出显示特定区域或控制场景气氛的秘密武器。在该场景中，云层在水池中反射以暗示一个超出图像范围限制的世界。

40 水面微光和天空反射有助于将其与其他环境区分开

41 骑士和马被绘制成更大的尺寸，并反复调整大小以适合其最终位置

42

水中的反射可以很快使场景充满真实感，我总是会利用这个在场景中绘制水的好机会。创建反射的一个简单技巧是复制要反射的对象，将其【垂直翻转】并调整明暗，直到看起来正确为止。使用参考图可以帮助你完成此过程，因为反射会根据水的类型而产生很大变化。为此，请使用【套索】工具选择骑士，然后使用【通过拷贝的图层】选项将其复制。在新图层上，通过选择【编辑】>【变换】>【垂直翻转】选项，或右击选区，选择【自由变换】，然后再次右击选区选择【垂直翻转】选项来翻转。使用【自由变换】选项或【移动】工具将选区拖到马匹下面。注意翻转版本的马蹄应与原始马蹄匹配。

当反射在正确的位置时，选择【橡皮擦】工具（E）并轻轻擦拭不接触水的马匹部分。在这种情况下，马从水塘边缘稍稍站立，因此需要清除后腿的底部和前腿的较大部分区域。但是请记住这种方法不会产生逼真的反射。如果需要使其完全准确，则应使用画笔从头开始绘制反射。

当反射被定位并被擦除部分区域后，需要调整选区的明暗以显示它是反射而不是物理结构。为此，请选择【图像】>【调整】>【色阶】选项或按快捷键 Ctrl + L 进行色阶调整。将弹出一个弹出窗口，你可以在其中移动黑色、白色和灰色滑块以使选区变暗。

43

在继续绘画时，我注意到较早的调整会产生不必要的线条。为了解决这个问题，我将使用【内容识别】功能。此功能是非常方便的填充工具，可以使用周围的纹理填充或修复区域，在这种情况下可达到完美填充。

如果要从纹理密集的区域中删除某项，并且不想重新粉刷该区域，请使用【套索】工具进行选择，然后右击选区，在弹出的菜单中，选择【填充】选项。这将弹出一个窗口，询问你要用什么来填充选择。如果选择【内容识别】，它将使用选区周围的纹理数据填充选区，单击【确定】按钮，选择将与其周围环境相匹配，而无须进行绘画。

擦除错误

有时会出现无法使用【内容识别】修复的错误。除了使用【蒙版】和【橡皮擦】工具外，【套索】工具也可以用于擦除，这在专业绘画过程中非常有用。它不仅可以用来进行选择，而且一旦选定区域，就可以轻松删除它。绘制草稿阶段，当你要快速整洁地删除整个区域时此功能非常实用。

为此，请单击并按住【套索】工具，然后在释放之前将其拖动到要删除的区域周围。选择线将变为虚线，突出显示受影响的区域，如果要删除该区域，只需按Delete键即可。

42 马在水中的反射有助于将马固定在场景中

43 使用【内容识别】填充可以轻松删除编辑过程中产生的多余线条

细化龙身

44

在阴影中绘画时，需要注意绘画的表面色调。对于初学者来说，常见的错误是假设阴影是黑色的，实际上它取决于表面的颜色和明度以及场景中照明的类型。

在本作品中，表面是阳光灿烂的棕褐色岩石。对于巨龙的阴影，可在巨龙的图层下创建一个新图层，然后使用【画笔】工具在强烈的珊瑚色中绘制以在巨龙身体的正下方形成阴影。靠近接触点的区域应该更暗，而远离龙的区域则更亮，因此请相应地调整画笔所加载的颜色。

快速制作阴影的另一种方法是使用【套索】工具选择希望阴影投落的岩石，然后选择【色阶】选项（【图像】>【调整】>【色阶】选项或Ctrl + L）使选区变暗，请选择最适合你的方法。

45

由于巨龙是构图的关键部分，因此应该有一些使其脱颖而出的出彩之处。我决定为巨龙的翅膀添加一种新颜色，来吸引人的注意力，也将对整个场景起到补充作用。我选择黄色作为补充色，因为它与棕褐色岩石属于同一色系。给人的印象巨龙是环境中的原生动物，但它也与众不同，足以脱颖而出。

为此，要创建一个新图层并将模式设置为【颜色】选项。选择【画笔】工具设置为黄色调进行绘制。翅膀需要有一些轻微的颜色变化以避免外观过于平整，因此，需要将某些笔触的颜色选择调整为较深的黄色，这是为了给翅膀增加一些视觉上的复杂性。毕竟有机物身上很少见纯色。

选择颜色范围

如果要在一个选区甚至整个作品中选择一个色彩范围，可以使用【色彩范围】选择器进行选择，这对于在场景中选择特定颜色以编辑或更改纹理很有用。要使用色彩范围选择器，请转到顶部栏选择【选择】>【色彩范围】选项。将打开一个新的弹出窗口，并且工具将自动切换到【吸管】工具，使你可以从场景中选择颜色。你可以在【色彩范围】窗口的预览中查看选择。选择颜色后，可以移动【范围】滑块以增加或减少颜色内的范围，并移动【颜色容差】滑块以更改纹理效果，单击【确定】按钮后，将选择颜色并准备使用。

【色彩范围】窗口使你可以选择一种颜色并在该范围内进行编辑

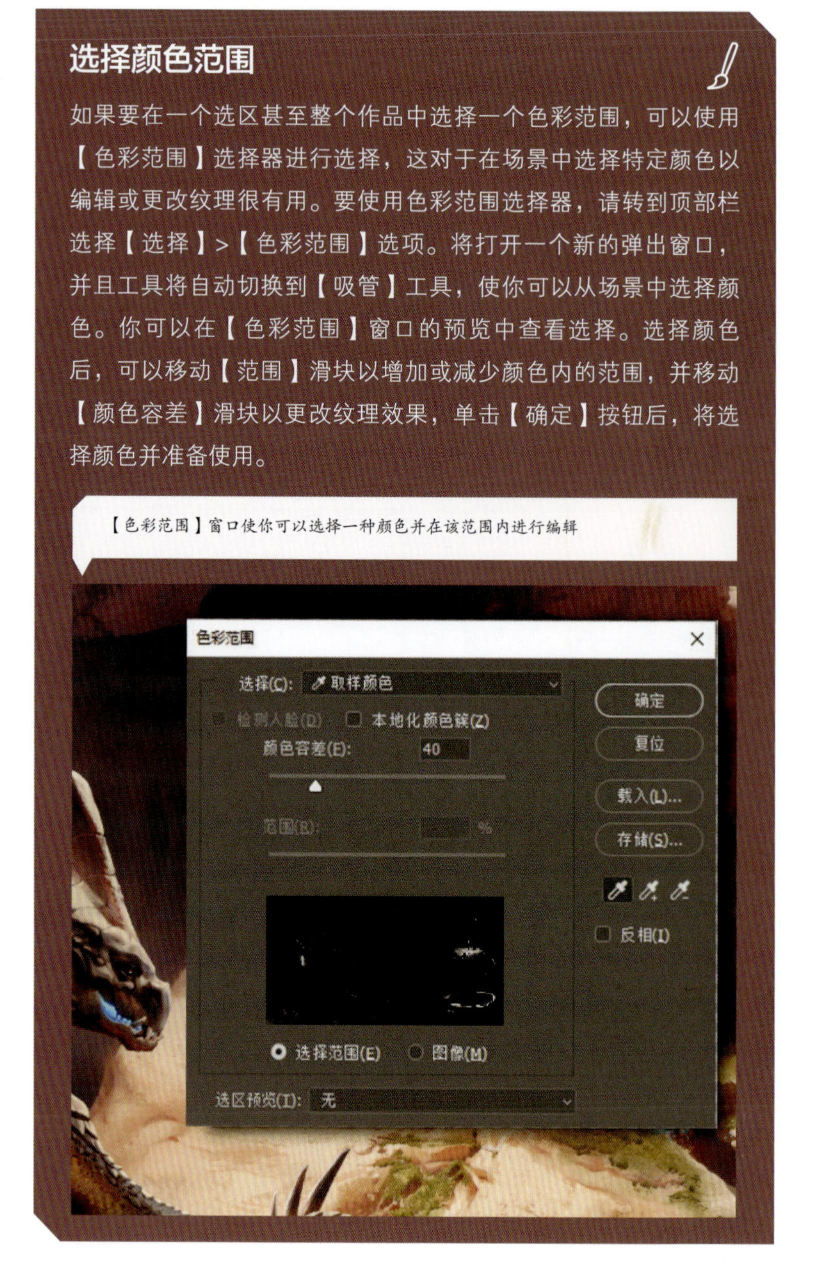

44 绘制巨龙的影子将龙锚定在岩石上

45 将巨龙的翅膀涂成黄色，以引起人们的注意，同时仍与环境保持和谐

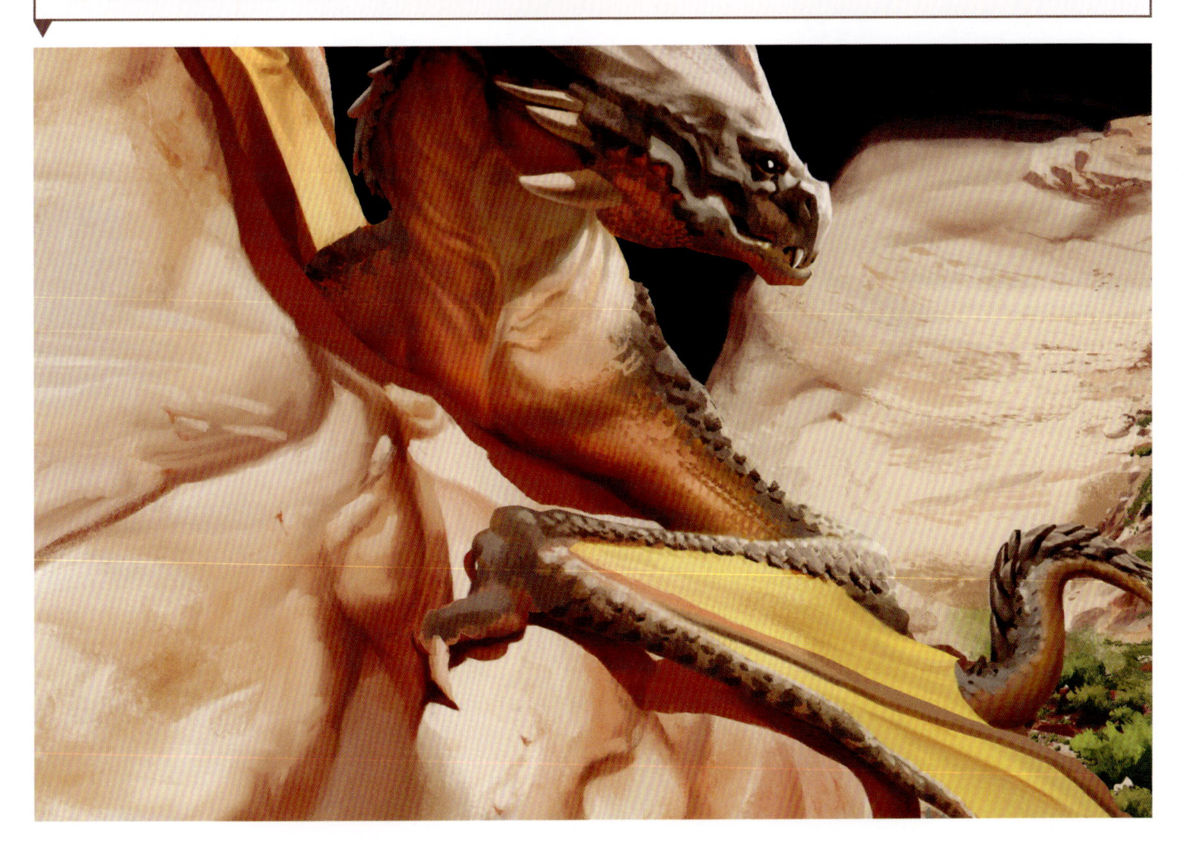

46

目前，巨龙的皮肤看起来并不像爬行类动物，为了改善效果并使巨龙容易被识别，需要添加一些纹理的比例尺细节。要使用【画笔】工具绘制比例，请使用常规画笔及各种有斑点的画笔，这将产生更复杂的效果。

用一支带有斑点的画笔在皮肤上刷一下，然后使用【吸管】工具在绘画时选择颜色变化，直到获得丰富有趣的纹理。现在用常规画笔回到同一区域，并对有斑点的标记进行微调，使它们看起来更像鳞片。如果纹理太强，请使用普通的画笔将其设置为较低的不透明度，以轻柔的方式在整个区域上进行笔触描画，以使其变浅。选择介于浅色和深色纹理阴影之间的颜色，然后将画笔扫过该区域。每次执行此操作时，明度和色相都会变得更加融合，自然会使区域变暗。

在一些地方添加阴影，以帮助观众更好地理解表面的起伏结构。有时很难立即识别纹理，因此向观众提示细节或阴影将有助于在其脑海中找到场景的视觉信息。

47

要在已纹理化的皮肤上添加更大比例的细节，我会绘制一到两个不同比例的区域，对其进行复制，并使用【自由变换】将它们调整到位。我发现这种方法可以节省时间，并使外观更具有细节。

为此，请创建一个新图层，用普通画笔在巨龙的身体背面刷上几层大比例的纹理，并用【吸管】工具从巨龙的头上取些褐色，绘制弯曲的三角形，通过在绘制时从龙头上选择新的颜色来为其添加小的高光和阴影。

当你对这些大比例纹理感到满意时，请选择【套索】工具并围绕一个或两个不同比例纹理进行选择。按快捷键 Ctrl + C 可立即复制选区，然后在比例图层上方创建一个新图层。按快捷键 Ctrl + V 将复制的选区粘贴到新图层上。然后通过右击图层并从弹出的菜单中选择【通过拷贝的图层】，可以根据需要多次复制该图层。通过单击相关图层并使用【自由变换】将复制的图案选区移到龙背上的新位置，然后将选择框周围的标记稍微调整形状或角度，将重复的大比例纹理调整到位。

放置完成后，按住 Ctrl 键并选择每个图层，右击图层，然后从弹出菜单列表中选择【合并图层】选项将图层合并在一起。现在，在单个比例尺图层上方创建一个新图层，并使用常规画笔在一些图案上绘画，以确保它们与巨龙的其余部分融合在一起。如果不重复复制使用，只复制单个纹理可能看起来不自然。

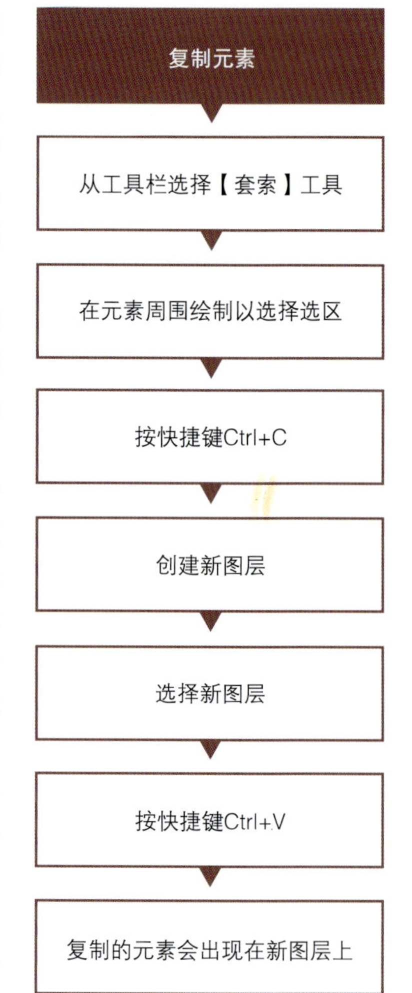

46 在龙身上添加小尺寸纹理使皮肤纹理更易识别

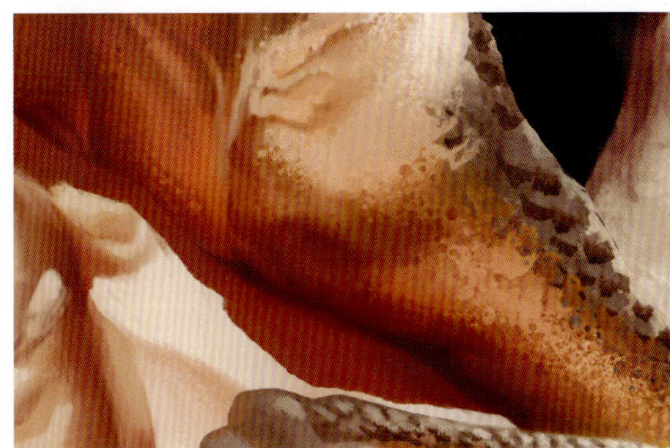

47 可以复制较大比例的纹理并放置在适当位置，以快速填充详细的纹理信息

进一步细化画面

48

在此场景中阳光非常充足，因此，要使观众感受到阳光，需要在巨龙身上添加一些强烈的高光。按住 Ctrl 键并单击在过程开始时创建的原始龙图层的图层缩略图，以选择整个图层。现在，可以将高光绘制到边缘，而不会画出巨龙的轮廓。

在太阳直接照射到的皮肤上用常规画笔以明亮的浅沙色绘制高光。当结构变成阴影部分时，使笔触淡入较深的色调。许多新手都会犯用白色勾勒结构的错误，这会破坏结构的三维效果。在直接被光线照射的高光中，表面最亮，且光线随结构衰减而逐渐变暗。

为了给作品添加些额外效果，我决定在巨龙的嘴和脖子上添加一些发光的色块来实现特殊效果。要绘制这种发光效果，可在新图层上使用常规画笔绘制一些明亮的蓝色笔触。接下来单击【图层】面板底部标记为【添加图层样式】的【*fx*】图标。从出现的菜单中，选择【外发光】选项；将弹出一个名为【图层样式】的窗口。或者可以双击相关图层以调出【图层样式】窗口。

将混合模式设置为【滤色】，并将模式不透明度设置为 75%。在窗口的【图素】部分中，将方法设置为【柔和】，将大小设置为 4 像素。在【品质】下，将轮廓设置为上半部白色和下半部灰色，范围设置为 50%。所有其他设置可以保留为 0%，单击【确定】按钮设置外发光，它将在你绘制的蓝色效果周围添加漂亮的发光状态。

49

至此，绘画过程即将结束。场景只需要更多细节即可将所有内容整合在一起。这些细节包括明确岩石和小区域阴影及清理松散的纹理，这些都可以通过简单的笔触完成，并根据需要在各个区域进行。

尝试将大部分注意力集中在主要兴趣点上。例如，可以稍微处理巨龙所坐的大石头，以使细节级别与巨龙相匹配。如果并排有不同级别的细节，可能会使观众分心。最后，使用纹理画笔在任何平坦的区域（如峡谷地面的裸露部分）上绘制小的纹理细节。

艺术总监

在专业创作过程的后期，可能需要将你的作品展示给艺术总监以征求反馈。艺术总监的角色起着引领人的作用，以确保参与制作的每个人都在同一作品上共同朝着统一的愿景努力。让艺术总监监督你的工作进度非常重要，因为他们可以指出问题并提供必要的建议，以帮助你进一步完善作品。如果你打算在动漫游戏行业工作，很可能会与艺术总监密切合作，因此要保持开放心态并乐于听取他们的建议。

48a 使用【外发光】图层样式为作品添加发光效果

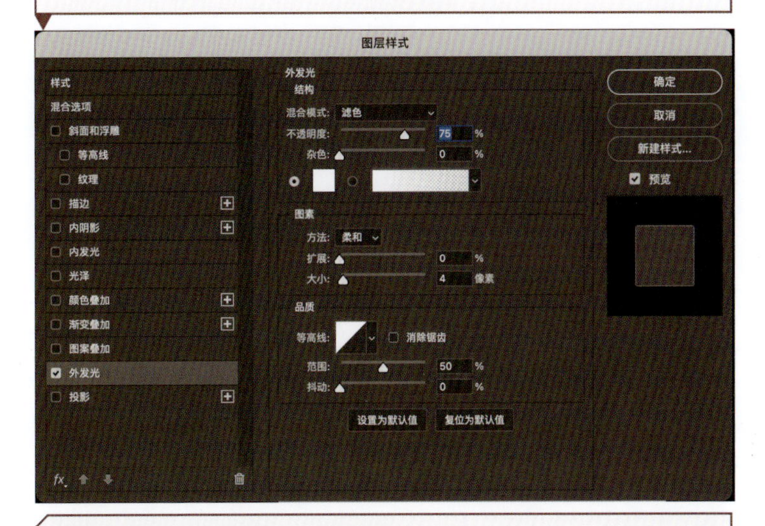

48b 巨龙身上的高光强调阳光明媚的环境

49 在整个场景中增加真实感，绘制最终细节以统一作品风格

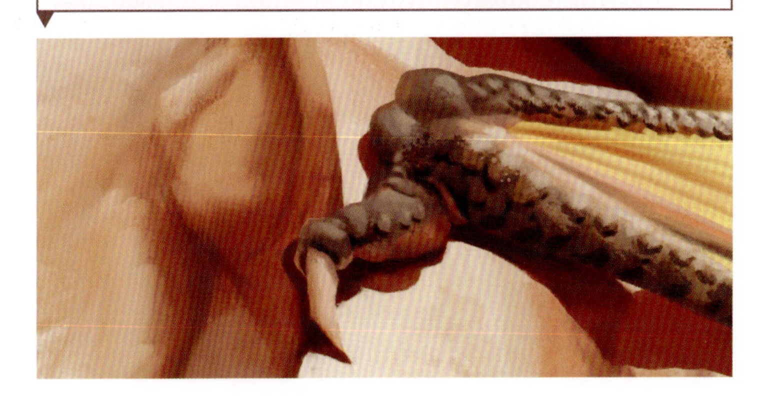

大气透视

50

最终完成图像的重要步骤是增加一些大气透视，这将有助于观众明确场景空间。随着物体逐渐拉开距离，对比度会降低，而色调饱和度逐渐降低从而产生深度错觉。这是因为空气中存在粒子，并且你看得越远，穿过的粒子越多，这会使你看不清远处的物体。如果远处有深色物体，前景中有浅色物体，则可能使图像变平并产生深度被破坏的错觉。在我的场景中，遥远的悬崖有些暗，这使空间感产生混乱。

要在场景中添加大气透视，请使用大号软边画笔，将其设置为较低的不透明度，并在应该较亮的背景部分使用浅色调进行绘制。在此步骤中选择使用哪种颜色，请考虑环境中的气氛色调。在本图中，这是一片干燥的沙漠，所以我选了一个沙橙色。如果是晴朗天空下的山脉场景，那么蓝色可能会更好。

你还可以使用软边画笔将光线添加到场景中，通过在特定区域重复绘制来放大效果。使用普通图层来绘制大气效果，也可以使用【变亮】【叠加】效果图层，在这种情况下，只需提亮几个区域即可变亮。可以将软边画笔想象为位于黑暗区域前面的薄云。

51

由于已将特殊效果添加到巨龙身上，因此现在需要在景观中添加一些特效，使其在场景中更具凝聚力。我预想这条巨龙已经获得了发光效果。使用与步骤 48 中相同的方法，创建一个新图层，并将一些蓝色元素绘制到峡谷的岩石和灌木丛上。再次单击【图层】面板上的【*fx*】图标，或双击相关图层以调出【图层样式】窗口，选择【外发光】并将其设置为【滤色】模式，不透明度为 75%，【方法】设置为【柔和】，【大小】为 4 像素，【轮廓】为半白色、半灰色，【范围】设置为 50%。完成后单击【确定】按钮，蓝色层将获得神奇的发光效果。

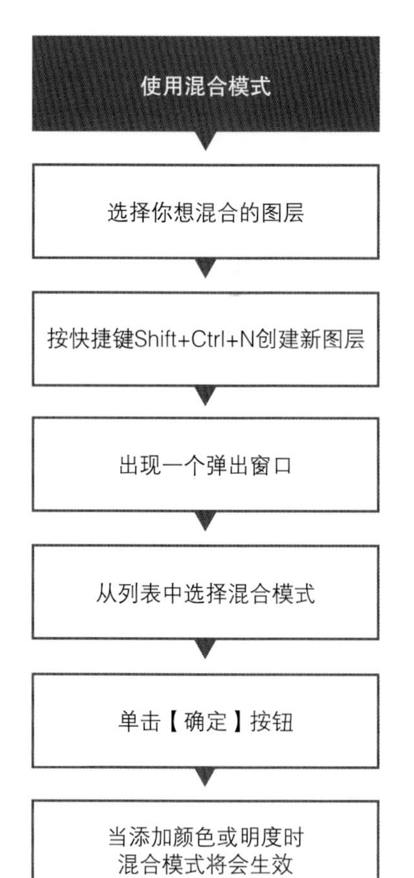

50 场景的远处黑暗区域覆盖有一层薄薄的颜色以提亮明度

51 在景观中重现发光效果，使画面更加统一

52

现在画作已经完成，是展示它的时候了！为此，你需要拼合图像。选择【图层】>【拼合图像】选项，不要单击【保存】按钮，因为这样会永久失去所有图层！从顶部栏选择【文件】>【存储为】选项或按快捷键Shift + Ctrl + S。

出现【另存为】窗口时，命名并选择一种格式保存。JPEG文件是专业用于完成图最常见的格式。如果你打算在线共享图像，则可能需要复制这张图，在Photoshop中打开副本，然后通过选择【图像】>【图像大小】选项来调整其大小。如果你打算打印图像，并且需要高质量的格式，则TIFF文件将是最佳选择。在接下来的几页中，你将看到一系列过程图和最终成品。

如果你想从事专业绘画工作，尤其是在游戏行业，那么Photoshop的学习是绝对必要的。我们生活在一个快节奏的互联世界中，拥有最佳工具将帮助你满足相关需求。通过完成本教程现在已经绘制出了第一个作品，从而克服了第一个挑战。

在此过程中，你学习了使用和组织图层的基础知识，如何使用数字工具绘画以及如何创建自己的自定义画笔。当你继续阅读本书中的其他教程并探索Photoshop的功能时，将对使用Photoshop并使之成为有效的专业工具会越来越有信心。

52 保存图像为JPEG格式

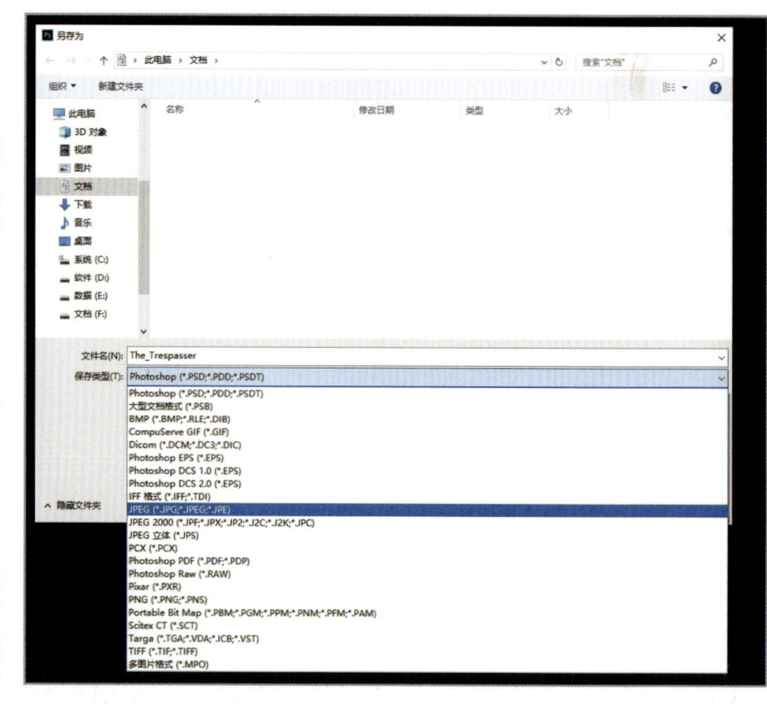

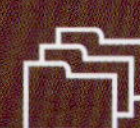

提交前整理文件

客户可能会要求你提供作品的PSD文件，因此在移交之前，请先整理文件。使图层保持整齐很重要，因为客户或同事可能需要进行更改或从文件中提取特定元素。这些组织技巧将帮助你将凌乱的工作文件转换为可供他人使用的可展示文档。

图层分组

整理文件的技巧之一是对图层进行分组。要创建图层组，请选择【图层】面板，按住Ctrl键并单击选择要分组的图层。然后按快捷键Ctrl+G，或按住Ctrl键并将图层拖到【图层】面板中标记为【创建新组】的文件夹图标上。为组指定适当的描述性名称，并根据需要使用相同的过程和文件夹图标在组内创建子组。

删除隐藏图层

如果最终插图不需要任何隐藏层，请转到顶部栏，然后选择【图层】>【删除】>【隐藏图层】选项，仅可见层被保留。

合并图层

还可以通过选择多个图层（在选择图层时再次按住Ctrl键），右击并选择【合并】选项将图层合并在一起。但是调整层不能单独合并，因为它们需要与基础层合并。

使用颜色标记

另一个整理工具是向图层和图层组添加颜色标记。如果在【图层】面板中右击图层或组，你将在菜单中看到一系列颜色选项。这不会更改图稿的颜色，但会在【图层】面板中标记图层。当你有许多相似的图层并且需要将它们彼此区分开时，这非常有用。

对图层进行分组可保持文件整洁，为图层添加标记颜色可以帮助你快速识别

过程总结

Final artwork © James Wolf Strehle

Artwork © James Wolf Strehle

Artwork © James Wolf Strehle

外星人坠落地

04

外星人坠落地

马特·特科茨

概念设计艺术家

马特于 1986 年出生于波兰，在德国长大，2008 年移居洛杉矶，就读于加利福尼亚州帕萨迪纳市的艺术中心设计学院。他现在作为电影和视频游戏行业的概念设计艺术家，在洛杉矶生活和工作。

关键技能

- 将照片添加到画布
- 将照片融合到绘画中
- 使用通道
- 饱和与去色
- 颜色调整
- 使用变换工具
- 了解明暗结构
- 管理图层结构
- 复制图层
- 使用蒙版

辅助工具

- 配色
- 喷枪工具
- 画笔工具
- 曲线
- 杂色滤镜
- 位移滤镜
- 剪贴蒙版
- 橡皮擦工具
- 叠加混合模式
- 自由变换
- 涂抹工具
- 智能对象

搭建环境

01

打开 Photoshop 并新建一个10000 像素 ×5000 像素的空白画布。分辨率至少为 300 dpi，但最好使用计算机允许的最高分辨率。这将使绘画过程的后期阶段能更轻松地放大场景并添加细节。现在按快捷键 Ctrl +– 或选择【视图】>【缩小】选项，使画布视图缩小。这将帮助你专注于构图的整体外观，而不是细节。

通过选择【画笔】工具并根据自己的喜好来绘制大体构图草稿，从而创建一个新图层并开始创作过程。我经常使用关闭压力感应的简单圆形画笔进行构图，因为复杂的画笔可能会分散注意力。尽管在艺术上有局限性，但使用最简单的绘图工具可使你专注于手头的任务——构图。保持背景层不变，并为每个新草图创建新图层（Shift + Ctrl + N）。

这些松散草图的主要目的是在场景和你的脑海中勾勒出故事情节。如果你的信息来源于简短的提示，非常实用的做法是首先勾勒出几个构图，有无数种可能的叙述方式，所以不要将自己局限于第一个想法。

在此阶段，草图的质量并不重要，因为在正常情况下，客户不太可能看到这些草图，它们通常仅用于你自己参考。因此，只要你能理解自己做的标记，草图的目的就达到了。如果客户或美术指导要求查看早期草图，则可以借助这些粗略草图来制作更精致的构图版本以供参考。

02

选择其中一个草图以发展为最终构图。在决定构图时，最关键的因素是明晰场景内容。构图没有"太简单"的东西，一旦绘制颜色、纹理和灯光完成了图像，简单的构图就会呈现精彩的效果。

过于复杂的构图可能会破坏画面的可读性。与对复杂的场景进行简化处理相比，随着绘画的进展增加更多复杂细节要容易得多。我绘制的构图只有几个关键要素，可以非常清楚地将观众的注意力吸引到坠毁的太空船将要发生的场景中心。

故事探索

开始绘画时，询问自己有关所做选择的问题。我已经知道在此场景中将有某种太空飞船，但是那艘太空飞船属于外星人吗？谁是飞行员？应该从飞行员的角度还是从找到飞船的人的角度展示场景？这些决定将指导你从现在开始的每个艺术化选择。构图、颜色、气氛等都取决于故事。

01 在各个图层上松散地勾勒出多个构想

02 选择一个草图以继续使用

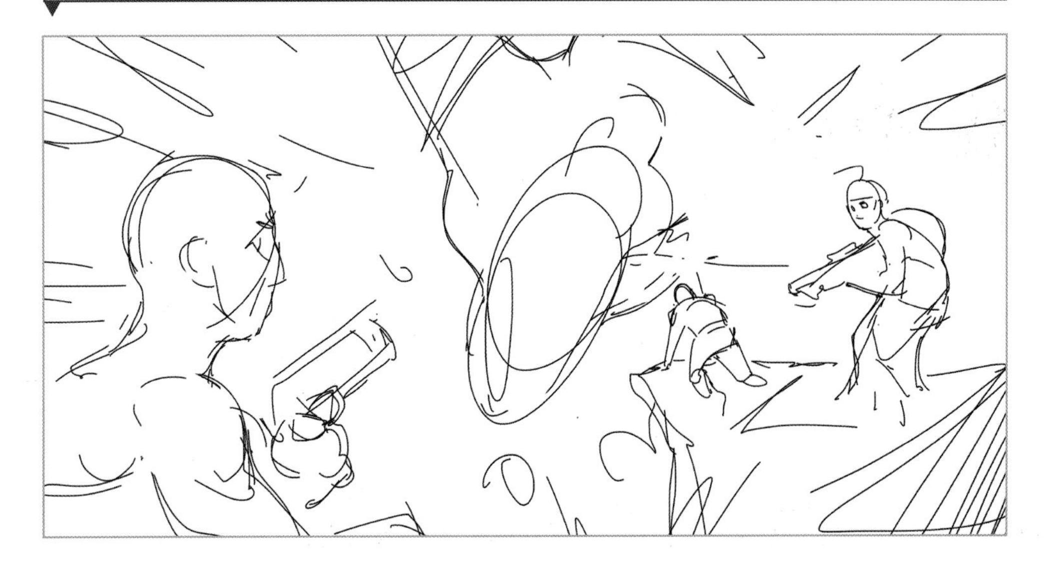

03

了解构图中将包含的内容后，就可以开始搜索构成环境基础的照片和纹理。可以从诸如 Adobe Stock 之类的库存图片网站购买照片，该网站会授予你使用这些图片的许可，或直接购买以确保这些图片不受版权限制。理想情况下，请使用具有散射光的中性照明图片，因为这些图片在艺术品中更容易处理。处理照片中的灯光和颜色更加复杂，自己照亮场景则更易于操作。

此场景中的环境将是丛林，因此图像需要展示有机生物。同时这也是外星场景，因此须避免使用过于熟悉的图案和物体，否则会立即被识别出来。从大自然中寻找可以在语境外使用的事物。可以通过更改颜色和比例来掩盖果实、真菌和树根。我将从一些较粗壮的图案开始布置场景。

04

要将照片从桌面导入 Photoshop 画布，请选择【文件】>【打开】选项，然后选择照片。该照片将在 Photoshop 中与图稿画布分开的另一张画布上打开。要将照片移动到正在创作的画布上，请转到顶部栏上的【选择】，选择【选择全部】选项（Ctrl + A），然后选择【编辑】>【复制】选项（Ctrl + C）。接下来，通过单击文件选项卡切换回创作画布，然后选择【编辑】>【粘贴】选项（Ctrl + V）粘贴照片。对于你粘贴到画布上的每张新照片，将自动创建一个新图层。

未雨绸缪

在专业工作环境中最大的挑战之一是周转时间。我能提供的最好的建议是提前计划，而不是希望随着制作的推进逐渐摸索清楚。在开始时花几分钟来描画工作计划，此过程将节省你几个小时的时间。创建任务列表或缩略图，以了解图像的处理方式，从而明晰处理作品的顺序。如果你提前知道插图中的重要元素，则可以避免花费大量时间绘画最终被更重要的东西覆盖的区域。

将不同的照片拼贴到画布上，并使用【自由变换】选项（【编辑】>【自由变换】选项或 Ctrl + T）将其调整为适合草图的角度。若要在保持原始比例的情况下更改图像的大小，请在拖动对角选择标记之一的同时按住 Shift 键。调整后，在选项栏上单击标记为【提交变换】的图标，或按回车键。可以多次使用【自由变换】随意调整图像，并通过在【图层】面板中选择它们各自的图层来切换图像。

在完全不透明的情况下使用【橡皮擦】工具擦除图像的顶部，这将有助于将照片统一为丛林地面。在早期阶段，可以以一种非常粗糙的方式进行绘制，因为随着你对过程的深入了解，大多数缺陷将逐渐消失。

添加照片

下载并保存照片到你的电脑

↓

打开Photoshop并创建新画布

↓

转到顶部栏选择【文件】>【打开】选项

↓

从电脑中选择照片贴图

↓

单击【确定】按钮以在第二张画布上打开文件

↓

从顶部栏选择【选择】>【选择所有】选项（Ctrl+A）选择照片贴图

↓

从顶部栏选择【编辑】>【复制】选项（Ctrl+C）复制贴图

↓

选择第一张画布

↓

从顶部栏选择【编辑】>【粘贴】选项（Ctrl+V）

↓

照片贴图会出现在新图层上

03 搜索中性色的图像，以后将更易于操作

04 将照片拼贴在一起，并删除所有不需要的区域

05

真菌质地会使丛林环境看起来更加陌生。将真菌照片复制并粘贴到画布上，然后选择【自由变换】选项（Ctrl + T 或【编辑】>【自由变换】）将照片拉伸到符合环境的透视（见图 05a）。当【自由变换】处于活动状态时，你可以右击画布以弹出带有更多变换选项的菜单，或者选择【编辑】>【变换】选项。我偏爱使用【扭曲】和【变形】来处理照片，【变形】可用于在任何方向上拉伸选区，而【扭曲】可用于弯曲和扭曲选区。

此外，使用【匹配颜色】工具可以统一真菌图层的颜色。【匹配颜色】工具使你可以对Photoshop文件的任何图层颜色进行采样，并将其应用于你选择的图层。在【图层】面板中选择要更改颜色的图层，然后选择【图像】>【调整】>【匹配颜色】选项，将启动一个弹出窗口，其中包含多种选项（见图 05b）。在窗口的【图像统计】部分，可以选择要从中采样颜色的文件和图层，并使用【图像选项】下的滑块选择要更改当前所选图层的颜色的程度。在这种情况下，使用【匹配颜色】将真菌从鲜橙色转换为匹配树根图像的棕绿色。

06

再次通过复制和粘贴将更多照片叠加到画布上，将每张照片添加到单独的图层上，从而使环境更加复杂。添加松露的照片给人以异域风情的印象，还可以添加更多的根状植被。此时，不要太急于使画面保持干净，因为这些图像中的大多数早晚都会被前景元素覆盖。

如前文所述，我建议始终尽可能提前计划，尤其是添加大量照片时。否则，你可能会浪费很多时间和精力在草稿步骤上，无论如何它们最终都会被覆盖。你对图像目标的想法越明确，节省的时间越多。

简化图层结构

我建议你根据需要使用尽可能多的图层，但同时也要谨慎使用图层，使之井井有条，标记图层并使用文件夹。当你处理个人项目时，这种有条不紊的方法可能并不重要，但是在专业工作环境中，总是会有关于调整和要求更改的情况。快速解决这些情况的能力非常重要，不必处理混乱的图层结构是使你能够进行快速更正的重要一环。

此外，生产流程中的其他人员可能会对你的Photoshop文件进行调整，因此提供具有整齐排列且标记清晰的图层文件是有必要的。

05a 使用【自由变换】和【匹配颜色】来调整照片以使其适合场景

05b 【匹配颜色】窗口提供了用于匹配颜色并进行手动调整的选项

06 继续添加细节，仍旧使绘制过程相当粗糙

添加叙事元素

07

准备好了地面元素后，现在可以为坠毁的宇宙飞船描画出粗略的设计图稿。创建一个新图层，并使用基本画笔（如硬边圆画笔）绘制船的大体造型。用大尺寸的画笔绘制灰色区域以创建主体，然后减小画笔的大小并将颜色切换为黑色或另一种灰色阴影以标记玻璃和引擎区域。

你可以随时改进飞船的设计。在此场景中，宇宙飞船将主要位于外星丛林的阴影中，因此目前的结构还不错。此时，你应该主要关注整体画面的构图。在此过程的后期，将使用照片增强飞船的外观，因此现在无须绘制细节。

08

在【图层】面板中降低宇宙飞船图层的不透明度，并在其上方创建一个新图层。在新图层中，使用基本的灰色画笔在角色的块状区域内进行描画。减小画笔大小，或切换为能绘制较细线条的画笔，然后将颜色更改为黑色以添加草图辅助线，从而为你提供更多详细信息。这些草图可能比你通常绘制的要粗糙得多，因为它们（像飞船一样）稍后将被照片取代。它们主要是在提醒你角色的姿势和构图。

描画重点

有两种方法可以将引人注意的焦点设计在场景中：情境焦点和抽象焦点。情境焦点是可以用来设置焦点并引导观众视线的图形。但是，任何可识别和熟悉的事物都会引起观众的注意，可能是汽车、动物或建筑物。让这些元素成为焦点，因为你可以与它们建立联系。

抽象焦点主要在于创造视觉对比。例如，深色背景上的亮点或充满几何形状的画布上的有机形状会脱颖而出并吸引注意力。一般而言，任何偏离规范或违反期望的事物都是一种对比形式，反过来又会成为焦点。

但是，焦点（尤其是通过对比产生的焦点）是你可以使用的最强大的工具之一，因此，我建议谨慎使用。高对比、高饱和的图像可能非常引人注目，但这会导致画面杂乱。请记住，焦点仅在它们被视觉放松区域包围时才起作用。

07 用基本画笔涂抹、以块状勾画飞船的形状

08 在新图层上粗略绘制角色轮廓以标记其位置和姿势

09

在工作过程，你可能会遇到要纠正的问题；在这种情况下，我将调整中心人物的大小以增强场景中的透视感。为此，选择图像，然后选择【自由变换】选项（Ctrl+T或【编辑】>【自由变换】）；将在图形周围产生带有标记的线框，该标记可用于调整选区。如果在拖动标记时按住Shift键，则可以按比例调整选区大小。

在继续工作之前，我还添加了一张天空图片以使构图具有完整度。我的计划是使该场景成为茂密的丛林环境，因此在最终场景中可能几乎看不到天空，但是我发现将天空暂放进来很有帮助。为此，你可以放置自己喜欢的天空照片，并按如下所述使用图层蒙版，以使丛林地面、角色和宇宙飞船保持可见。

要添加图层蒙版，请选择【图层】面板，然后选择需要蒙版的图层。在这种情况下，该图层为包含天空图片的图层。在【图层】面板的底部，单击带有黑色圆圈的白色矩形图标（将光标悬停在图标上时，将显示标签【添加矢量蒙版】）。第二个缩略图将出现在【图层】面板中所选图层的缩略图旁边。如果图层蒙版缩略图周围没有白框，请单击缩略图以将其选中。这将确保你在蒙版而不是照片上进行绘制。

接下来，使用黑色画笔工具填充，在图像下半部分的图层蒙版上绘画。天空下面各层上的树根将逐渐出现。你可以用白色画笔再次填充天空的任何区域。要了解有关图层蒙版如何工作的更多信息，请参考本书第56~57页。

10

明亮的蓝天颜色算不上怪异稀奇，使它显得不同寻常的简单方法是调整颜色。在画布的顶部栏选择【图像】一栏，选择【调整】选项，然后选择【曲线】选项来使用曲线调整。【曲线】弹出窗口将打开并显示网格。弯曲网格的对角线会导致图层中的颜色发生变化，具体变化取决于你的调色板。通过调低红色调和蓝色调，天空的蓝色变为绿色，使它变成了一个更加陌生的星球。掌握【曲线】工具可能是一个棘手的问题，因此经常练习【曲线】工具是玩转【曲线】工具的好方法。

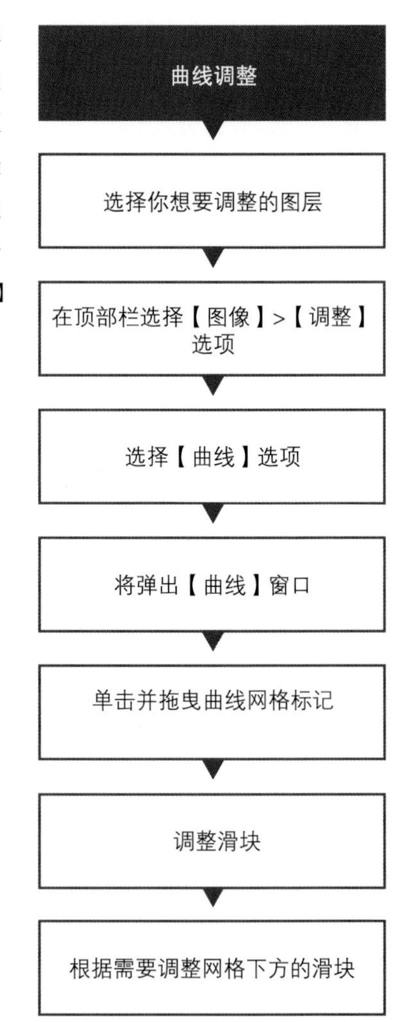

09 即使天空在后期会被遮挡，添加天空也会使构图更加完整

10a 【曲线】工具能够更改图层颜色的显示方式

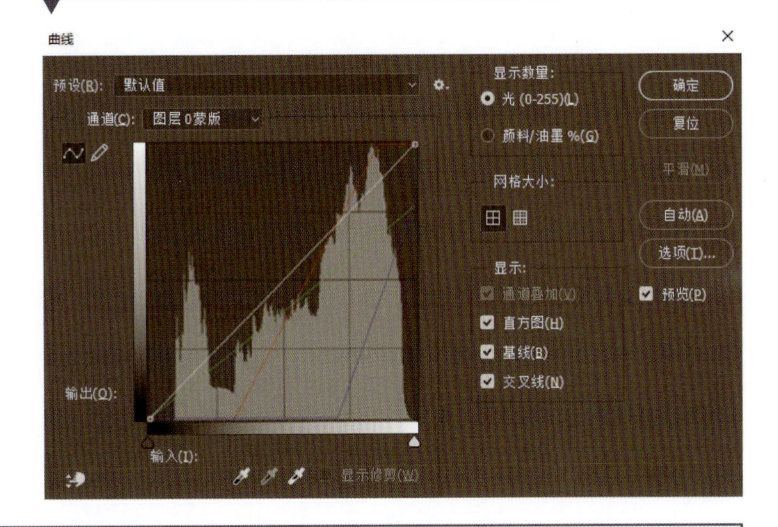

10b 用【曲线】工具调整画面可快速转换天空颜色，使场景看起来更加陌生

11

若要在场景中添加大气深度，请使用大号软边喷枪在新图层上绘画。要选择喷枪，请选择【画笔】工具，然后选择一个软边画笔，如柔边圆画笔。在选项栏中，单击看起来像喷枪笔的图标，标记为【启用喷枪样式的建立效果】选项（见图11a）。绘画时将流量调整为较低的数值以创建薄雾效果。使用【吸管】工具从天空中选择一种颜色以设置雾的颜色。

在此场景中，我在丛林图层与宇宙飞船相交之处绘制了淡淡的黄色雾气，然后在【图层】面板中拖动该层，使其置于宇宙飞船层和角色草图层之间。在行业中，这被称作“深度传递”，因为添加雾气以创建大气深度有助于将物体放置在透视图中。

大气还是增强或减弱对比度的好工具。当我想要物体更加突出时，我只需在其后面添加一些大气效果。你可以在本书第124页阅读更多有关绘制大气透视的信息。

12

为了进一步增加环境深度，请在背景中添加更多照片元素，开始遮盖天空。这也将有助于体现丛林环境的规模。选择与你的场景具有相同透视的照片素材，因为具有错误透视的对象层可能会造成混淆。

使用一系列巨型菌类照片素材，在【图层】面板中将图层放置在飞船后面。再次选择一个大号的软边喷枪，然后在蘑菇底面画出一些细节。这将帮助你避免在该区域增加过多的对比度，而弱化了本幅作品的焦点。

在图像的左右边框附近放置许多此类照片素材以进行构图，可防止观众的视线移开。为此，请将参考照片粘贴到画布中，然后将蘑菇放置在画布的边缘，照片的某些区域将从画布的边缘溢出。由于这些元素是前景的一部分，因此不需要将这些图层移到宇宙飞船层的下方。

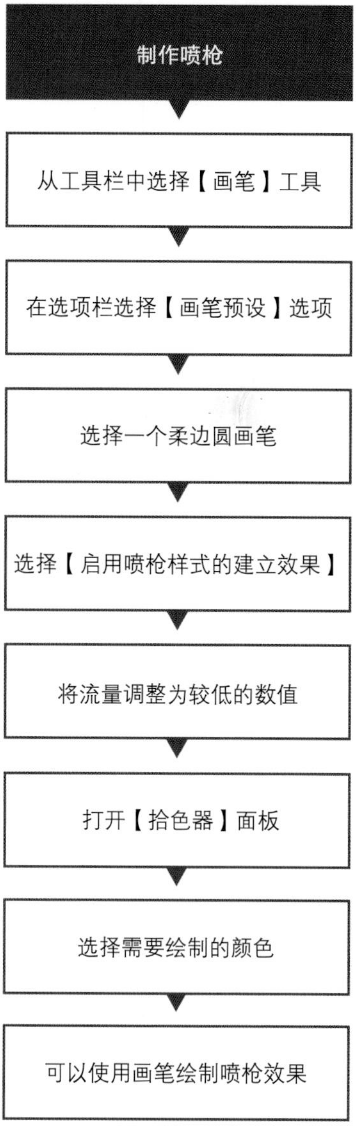

颜色理论

与传统绘画混合颜色不同，数字绘画通常会选择一种特定的纯色。但是，从其他图稿或照片中选择颜色可能会出错或有偏差，并且对你了解颜色的工作原理毫无帮助。相反，它可能会使你放慢速度，并依赖其他艺术家的配色方案。

如果你没有传统绘画的学习背景，那么值得花时间探索数字绘画的颜色如何混合，学习色彩理论，并通过研究自己喜欢的艺术家的作品来提高眼界。提高对作品的理解能力对你学习数字绘画将是非常有益的。

制作喷枪

从工具栏中选择【画笔】工具

↓

在选项栏选择【画笔预设】选项

↓

选择一个柔边圆画笔

↓

选择【启用喷枪样式的建立效果】

↓

将流量调整为较低的数值

↓

打开【拾色器】面板

↓

选择需要绘制的颜色

↓

可以使用画笔绘制喷枪效果

11a 在选项栏上选择【启用喷枪样式的建立效果】以将画笔变成喷枪

Ps 文件(F) 编辑(E) 图像(I) 图层(L) 文字(Y) 选择(S) 滤镜(T) 3D(D) 视图(V) 窗口(W) 帮助(H)
200 模式: 正常 不透明度: 100% 流量: 100%

11b 使用喷枪绘制外星薄雾，营造大气深度

12 背景和前景中的其他照片元素有助于引导观众视线

细化飞船

13

现在是时候细化一下那艘飞船了，这是一个使用【剪贴蒙版】的绝好机会。【剪贴蒙版】充当覆盖图层中不需要元素的屏障，仅使所选内容位于其下方的图层上可见。这样可以有效地“剪切”出要在图像中显示的内容。这类似于在现实生活中在图片上放置模具，只能看到位于模具中的部分。

首先将一些生锈的机械照片素材粘贴到画布中，并将该图层放置在【图层】面板中的飞船图层上。在画布上使用【移动】工具将照片放置在飞船的粗糙画面上。接下来，选择【图层】>【创建剪贴蒙版】选项，或按快捷键 Alt + Ctrl + G，剪贴蒙版将使新图层忽略下面图层中的任何空白像素，从而有效地保留较低图层上对象的轮廓。在此场景中，剪贴蒙版使机械照片适应了飞船的轮廓。

最后，将照片图层的混合模式更改为【叠加】选项（使用【图层】面板上的下拉列表执行此操作）。【叠加】混合模式将有助于使照片与飞船轮廓统一。如果你发现覆盖层使图像太暗，则表明你使用的图像太暗，在这种情况下可能需要调整色阶。

此步骤仅提供了一个较优的基础图像，而最终作品中实际上看不到目前所见的任何内容。但是，具有此纹理对于宇宙飞船的调色板色调方向和纹理方向，是一个很好的指导。

14

添加机械素材破坏了大气透视。要解决此问题请打开【图层】面板，然后将新纹理图层的不透明度降低到 80%，在视觉上将飞船更远地推离观众。一般而言，由于大气透视的原因，远处的物体对比度似乎较低，尤其是阴影区域会受到影响。

15

继续使用【涂抹】工具更改飞船的形状。打开工具栏，用手指图标选择【涂抹】工具。在选项栏中，选择要使用的画笔类型，如硬边圆画笔。在不透明度为 100% 的情况下使用时，通过在对象上单击并拖动工具，可以在不牺牲对比度和清晰度的情况下涂抹纹理。注意从不同方向上处理纹理，以赋予 3D 结构感。在专业的数字绘画中，这称为“雕刻”造型。

与大多数事情一样，使用【涂抹】工具绘画时，应遵循“少即是多”的原则，毕竟你也不想完全丢失照片纹理。非常认真地对待污迹笔触是这一阶段的目标，仅在确实需要时才进行涂抹将会产生更好的结果，同时也节省了时间。你可能会发现，在大文件细节较多的区域上使用涂抹工具时会稍有延迟，因此在涂抹时请谨慎选择笔触。

创建剪贴蒙版

- 打开【图层】面板
- 选择你想添加蒙版的图层
- 绘制或者复制粘贴你想添加的蒙版效果到分离的图层
- 放置效果图层在被蒙版的图层上方
- 选择【图层】>【创建剪贴蒙版】选项或者按快捷键Alt+Ctrl+G
- 剪贴蒙版将应用在图层上

13 【剪贴蒙版】保持其下方对象的形状，可用于快速添加纹理

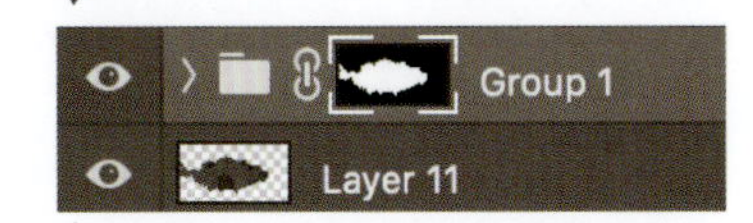

14 减少纹理的不透明度可校正场景的大气透视

15 【涂抹】工具可用于在对象周围推拉纹理，雕刻结构

16

为了进一步描画飞船的结构，请添加一个细微的反射通道。在此阶段，建议你添加带有高光的反射元素。在此场景中，这些高光需要产生在飞船的硬质金属表面上。选择【画笔】工具并使用浅灰色的基础画笔（用于绘制飞船初始草图的画笔）。通过设置较低的画笔不透明度，使画笔保持相对透明。

宇宙飞船不需要太多高光就可以令人信服，一点点的反差将带来很大帮助。同样，你若不想过多地使用照片纹理进行绘制，请使用笔触绘制该区域。该场景中的光源将来自上方和右侧，前景角色清晰可见。因此，高光应与该光源方向匹配，并产生在飞船的凸起区域上。

17

你可能需要偶尔水平翻转画布（【图像】>【图像旋转】>【水平翻转画布】），这样做的原因主要是能够以新鲜的视觉感受观察画面。长时间观看同一张图像，通常会失去客观评估该画面的能力。通过翻转画布可以重启视觉感官，几乎就像第一次看这个画面一样，这使你的大脑可以及时发现问题。

另一种方法是在画面的不同区域之间来回跳转，而不是系统地、按部就班地进行绘画。在整个过程中你可能会注意到，我绘制了背景一段时间，然后跳转到角色，最后跳转到飞船上……那是因为我经常不知道如何继续向前推动画面，通过跳转到另一个区域并绘制其一段时间，我可以让自己稍事休息，并能够以新鲜的视觉感官重新评估画面。

刷新视觉感官

长时间绘画很容易让人无法持续集中注意力。因此，随着你越来越习惯画面中的错误，校正画面可能会是个棘手的过程。除了翻转画布，还有几种方法可以使你的注意力重新回到原来的状态。你可以离开画面休息一下，即使只是喝咖啡，或者切换到其他项目。这些方法都将帮助你刷新视觉感官。还可以通过查看参考文献或搜索新参考文献来重新集中注意力。如果附近有同事、家人或朋友，你可以寻求他们的反馈，因为第三方意见通常会有所帮助。

16 在飞船上绘制高光，显示反射光的区域

17 翻转图像以查看是否有需要改进的地方

大气效果

18

继续在翻转的画布上进行更多调整。创建一个新图层，并使用深灰色的大号柔边圆画笔粗略地绘制出飞船产生的一缕烟雾。这有两个不同的目的：首先，它有助于表现宇宙飞船已经坠毁而不是降落的设定；更重要的是，它是一种构成元素，将吸引观众把目光投向宇宙飞船。

在此步骤中，可以吸引观众注意力的另一种办法是使画面的边界变暗。为此，请创建一个新图层并选择一个大号软边喷枪。在画布的边缘周围用黑色笔触涂抹，用浅色笔触向内涂抹，使画布的边缘成为最暗的区域，有效降低画布边缘的对比度，而相比之下，增加了场景中心（即选定的视觉中心）的对比度。

19

仍然用翻转的画布查看图像时,. 我意识到各种菌类元素的比例太相似了，这使画面看起来过于重复。重复的节奏使元素看起来不像有机生物，不适用于这种混乱的丛林环境。要调整这些菌类元素的比例，请选择相关图层，然后选择【编辑】>【变换】>【缩放】选项，可以调整素材的大小而不会扰乱其比例或透视。

此外，为了增强茂密丛林环境这一设定的氛围，请在远处用外来植物遮挡天空。在天空图层上方创建新图层，然后选择简单的圆形画笔，并选择绿色来绘制一些抽象形状。若要使植被更加复杂，请降低图层的不透明度，然后创建一个新图层以在其上绘制更多的植被。这将使植被具有深度感及多样性。

调整比例

从工具栏中选择【套索】工具

在元素周围绘制，将选区的两端连接在一起

选择元素选区后，在顶部栏选择【编辑】选项

选择【编辑】>【变换】选项

选择【变换】>【缩放】选项

拖动角落标记改变选区大小

按住Shift键保持比例不变

18 团状烟雾和画面的深色边缘有助于将观众的视线引向宇宙飞船

19 更改菌类元素的比例使图像更生动，并用植被遮挡天空

20

右侧的构图看起来无用守旧，因此我在厚实的藤蔓上粗略地涂画，从画布的右边缘向图像中心的焦点引导观众视线。为此，可以创建另一个新图层并将其放置在【图层】面板中的角色图层下方。使用基本的硬边圆画笔，在【拾色器】窗口将颜色设置为深绿色，并粗略勾勒出藤蔓。再次调出【拾色器】窗口将画笔颜色切换为较浅的绿色，为巨型藤蔓添加一些疏松的细节。

在另一个新图层上，使用大号软边画笔并设置为喷枪，绘制出更多雾效。颜色选择白色，并设置较低的不透明度，通过增加深度将中心人物与飞船区分开。

21

需要绘制更多的烟雾以使飞船坠毁这一设定吸引人们的注意力。创建新图层并选择带有粗糙边缘的大号软边画笔，挑一个沙土颜色，在飞船前松散地画出烟雾痕迹，这表明烟雾与飞船坠毁现场的沙土混合在一起。为画笔选择一个较深的阴影，并绘制隐约从飞船后面飘过的第二条烟雾路径，这些烟雾是增加图像深度的好工具。

叙事感

就像所有视觉艺术形式一样，数字绘画是一种向观众传达想法或故事的手段，因此，在作品中保持叙事感非常重要。在专业项目中，你可能需要为电影、电视连续剧或游戏制作插图，你的作品需要向观众传达该项目主题故事的某些方面内容。

仔细考虑如何用画面在叙事中表现特定时刻，并暗示刚刚发生或将要发生的事件。表现地面上的烟雾、薄雾或水等大气元素，是用来表明静止图像是不断变化环境的一部分的绝佳方法。

20 藤蔓和蔓延的雾气有助于将观众的视线吸引到图像的中心

21 若要增加图像深度，可在飞船后方再增加两条更远的烟迹

细化写实角色

22

这个场景中的角色被忽视了很长时间。由于此处的目标已绘制出相当逼真的效果，因此无须从头开始绘制角色。查找或拍摄一些可代替角色的合适照片。我拍摄了我哥哥穿摩托车装备的动作姿势照片，这有助于在场景中营造叙事感。阴暗的日光为照片创造了柔和的中性光。

23

在 Photoshop 中打开你喜欢的动作照片，暂时将其与画作分开保存。通过直接单击背景图层锁图标以取消锁定或将图层锁拖到【图层】面板底部的垃圾箱中。我们将使用工具栏上的【裁剪】工具从背景中粗略地剪切出角色。选择【裁剪】工具，单击并将其拖动到角色周围。释放光标时，突出显示的区域即是你选择保留的区域。在选项栏中，选择【提交当前裁剪操作】的复选图标以剪切选择区域。

将每个裁剪的角色复制并粘贴到你的图稿文件中，它们将在每个文件中自动产生一个新图层。使用【移动】工具将剪切的照片直接放置在角色位置上以替换草图。这些角色仍需要进行细节处理和改动以使其适合场景。接下来在添加灯光之后，我们才会处理此问题，并且将明确哪些区域应该处于阴影中。

24

调整明暗以在视觉上将角色放置在适当的位置。为此，选择角色图层（在【图层】面板中单击每个图层时按住 Ctrl 键），然后通过转到顶部栏选择【图像】>【调整】>【色阶】选项或按快捷键 Ctrl + L 来应用色阶调整。使用色阶弹出窗口中的【输入色阶】滑块可以使图层的明度变亮或变暗。调整场景中的透视时，请确保要保留的所有图层的可见性都已打开，因为这将为你提供画面的前后关系。完成后单击【确定】按钮应用设置。

此步骤主要是使角色的明暗与场景其余部分的位置相对应。如步骤 14 所示，远距离元素通常比近距离元素受大气透视的影响更大，因此，其明度会显得更亮。

灯光

你可能已经注意到，目前为止在此绘画过程中，很少关注特定的灯光方向。通过在绘制过程的早期阶段有目的地保持灯光不明确，可以省去在大多数基本元素就位时添加主光源的麻烦。首先确定构图，然后再简化灯光流程。

22 对于角色而言，请使用带有动作姿势的照片为场景添加叙事感

23 使用【裁切】工具剪切照片并将它们放置在角色草图上

24 调整角色明度以适应构图透视

修改画面

25

在这一步骤中，我发现自己碰壁了，因为我不了解从此位置拍摄场景的清晰视野。艺术家会不时遇到障碍，但在专业环境中重要的是学习技巧来克服创造力低谷。在新的图层上开始绘制前景角色，以使作品向前推进，同时让你有时间重新寻找灵感。

借此机会进行常规调整，以修正一些明显的问题。在我的画面中，飞船后面的菌类过亮，因此我使用【色彩平衡】进行调整。选择要调整的图层，然后选择【图像】>【调整】>【色彩平衡】选项，或按快捷键 Ctrl + B 弹出【色彩平衡】弹出窗口。在此窗口中，可以通过移动青色、洋红和黄色滑块并观察对图层颜色的影响来更改图层的颜色，以使飞船后面的菌类看起来带有较深的绿色调。

26

现在是绘制、修改烟雾的好时机，因为烟雾的构成看起来非常别扭。找到一股浓烈黑烟的图像素材，然后使用【通道】选项（显示图像基色的灰度图像；RGB 或 CMYK），从背景中提取烟雾细节。

在单独的 Photoshop 文件中打开照片，选择【通道】面板（可以在顶部栏【窗口】>【通道】菜单下找到，也可以在【图层】面板上的第二个选项卡找到它）。在这里，你可以单击每个通道以查看每种颜色的效果——在 RGB 文件中，这些颜色将是红、绿和蓝——并明确哪个通道前景和背景之间的对比度最大。于本作品而言，应选择红通道。

27

找到对比度最高的通道后，选择该通道并进行复制。通过右击选择【复制通道】选项（见图 27a）来执行此操作，将打开一个弹出窗口，可以在其中标记复制的通道。完成后单击【确定】按钮。现在选择复制的通道并使用眼睛图标打开其可见性（关闭原始通道的可见性）。选择【图像】>【调整】>【色阶】选项（或 Ctrl + L）以调整通道的色阶。左右移动【输入色阶】下方的滑块，以尝试如何更改对比度（见图 27b）。这里的目的是增加前景的烟雾与背景天空之间的对比度。这样可以在我们要保留的图像部分和要剪切的部分之间产生清晰的对比。完成后，在【色阶】面板中单击【确定】按钮。

28

调整复制通道的对比度后，现在可以从背景中提取烟雾。在复制通道缩略图上单击同时按住 Ctrl 键。Photoshop 将选择该通道中白色的所有内容；在这种情况下，会选中烟雾后面的白色背景。现在返回【图层】面板中的烟雾图层，单击该图层，然后使用此选区从烟雾中删除背景（Delete），并保留带有透明背景的干净烟雾层。

集中注意力

我想强调在处理图像时要谨记选择的重要性。不要让自己陷入自动绘画状态，在这种情况下，你会无意识地随意挥洒颜料。务必要在意识开始游离画面时将注意力重新集中到画面上。理想情况下，你不会画出任何不会改善画面的笔触。取舍和效率可能是我所学到的最重要的事，也是将优秀艺术家与大师区别开来的原因。

25 如果你在工作时碰到了创意壁垒，请在你认为能向前推进画面的方向尝试做一些细微调整

26 选择浓烟图像替换作品中绘制的烟雾草图

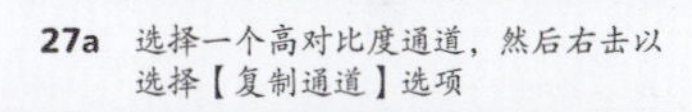

27a 选择一个高对比度通道，然后右击以选择【复制通道】选项

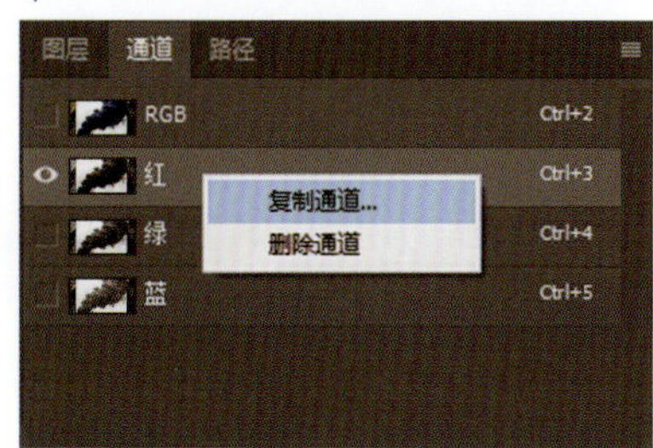

27b 调整通道的【色阶】滑块以在前景和背景之间进一步增加对比度

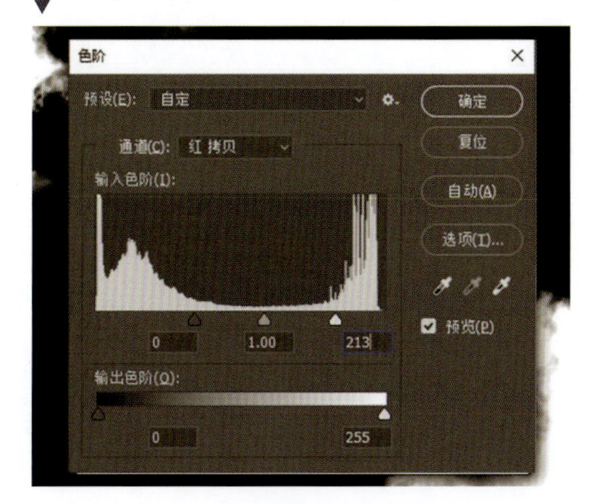

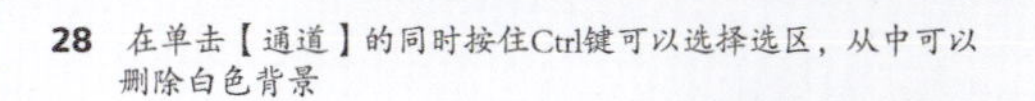

28 在单击【通道】的同时按住Ctrl键可以选择选区，从中可以删除白色背景

29

现在只需要调整颜色并将烟雾层放置在场景中所需的位置即可。将烟雾复制并粘贴到画布中，烟雾上的蓝天光线不适用于此环境，因为天空（场景的环境光）为绿色。要解决此问题，请选择【图像】>【调整】>【去色】选项（Shift + Ctrl + U），从烟雾层中删除所有颜色信息，烟雾则会变为灰度图像。然后使用【移动】工具选择烟雾，单击并拖动到前面大致绘制的烟雾位置上。关闭绘制烟雾层的可见性，以便将其有效地从画面中移除，但是如果要再次将其用作参考点，则仍然可用。

30

现在应该重新评估画面明度。除了偶尔翻转画布之外，我建议你不时查看黑白画面以回顾进度。颜色信息可能会干扰你的思维，使你无法保持良好的明暗关系判断。如果你的明暗关系结构非常扎实，那么色彩将是次要的。

要进行明暗关系测试，请创建一个新图层，并用灰度颜色（黑色、白色或灰色）完全填充它。将图层的混合模式更改为【饱和度】。如果该图层是【图层】面板中的最顶层，则其下面的所有图层都将受到该层的影响，因此将以黑白显示。

以灰度模式查看该图像，你会发现靠近飞船的角色太暗，因而吸引了过多注意力。同时，前景角色很不起眼，因为他的明度非常接近其背景的明度。如果是有意将角色的明度匹配到周围的明度，并且此举在场景叙事中起到积极作用，则将其混合在一起并不一定是坏事。但在本幅画面中它是无效的。

31

在确定场景的明暗关系中存在问题之后，请花一些时间来纠正这些问题。通常可以通过简单的色阶调整来纠正此类明度问题（【图像】>【调整】>【色阶】），然后移动滑块以增加对比度。另外，你可以通过用大号软边喷枪喷涂更多的烟雾或从烟雾图层擦除来增加或消除气氛。我略微调整了色阶，并在角色及其周围环境之间添加了一些额外的烟雾。

29 使用【去色】将烟雾更改为灰度显示，然后使用【移动】工具定位烟雾

30 暂时将图像去色为灰度显示便于你在工作时检查明暗关系

31 通过调整色阶或绘制大气元素（如雾）来纠正明暗关系问题

32

对我来说，丛林看上去仍然太普通了，我需要大幅度增强场景位于外星球上的奇异感觉。我将在地面上增加一些过度生长的荧光植被，使其看起来更加陌生。寻找具有有趣纹理的素材，如图 32 中所示的一些雪山的鸟瞰图。我计划提取图片中的所有白色，并将其用作过度生长植被效果的基础。

要在纹理中提取白色，请重复处理烟雾的过程。简而言之，在单独的 Photoshop 文件中打开照片，使用【图层】面板上的【通道】选项卡找到对比度最大的通道。复制此通道，并选择【图像】>【调整】>【色阶】选项以调整【色阶】滑块，进一步增强对比度。调整色阶后，单击【确定】按钮并返回到【图层】面板。在这种情况下，你不需要删除白色区域，因此无须进行选择。将照片复制并粘贴到画布中。

33

在【图层】面板中，将新的雪山效果图层放置在前景元素的图层下方，以便在场景透视图中将其放置在地面上。使用【移动】工具将纹理向下拖动以将其放置在丛林地面。

由于山脉景观照片的透视已经被简化，因此我无须做太多调整即可使透视相匹配。如果需要对纹理的角度进行一些细微调整，请选择图层并使用【扭曲】选项（【编辑】>【变换】>【扭曲】）进行调整以适应场景。此外，可以偶尔使用【橡皮擦】工具擦除一些不需要的白色。

充分利用数字艺术社区

接受建设性的批评可能很难，但它是帮助你提高艺术能力的绝佳途径。数字艺术家非常幸运，因为已有庞大的在线社区可供使用。你可以在社区中征求对你的绘画作品的反馈意见，并尝试建设性地借鉴这些意见，而不要自行处理。在专业工作环境中，数字艺术家或概念艺术家将在美术指导的指导下工作，该美术指导将定期提供指导和建设性批评。因此，至关重要的是开发一种使用反馈来改善自己的艺术作品和工作实践的方式。

32 提取照片的白色区域以创建有趣的纹理效果

33 使用【扭曲】变换将纹理调整为适应场景的透视，将其放置在图层构图中的较低位置

34

获得所需外来奇异效果最重要的步骤是将纹理更改为更不寻常的颜色。我使用【拾色器】为图层的前景色选择紫色，然后复制图层。选择复制出的图层，使用【移动】工具重新定位纹理，使其与紫色纹理略有偏移。然后再次使用【拾色器】选择新颜色。将复制出的图层颜色更改为绿松石色。

最后，选择【图层】面板，将两个图层的混合模式设置为【颜色减淡】以使纹理看起来从背景跳脱而出。【颜色减淡】能够降低前景和背景元素之间的对比度。同样，在数字绘画中少即是多，甚至在以外星元素为主题的插图中也是如此，使用微妙的颜色和纹理将有助于创建更加美观和吸引人的图像。

35

如你所料，在构图中添加一个全新的元素将脱离既有的明暗关系。花几分钟调整其他图层的色阶，以补充彩色纹理地面。现在尝试使用色阶滑块将前景丛林元素和角色的图层变暗，从而真正在前景中突出暗部。

当然，不一定所有艺术作品都是前景暗而背景亮。我选择以这种方式进行处理的原因是因为该解决方案是可靠的，并且在时间紧迫的项目中提供了一种快速简便的方法来处理画面明暗。

你还可以在整个画面上添加更多的气氛，以尽可能地增加画面深度。这次，从新的外星地面纹理中选取一些新的荧光色调，使用软边喷枪涂抹使气氛更具外星奇幻色彩。这种奇特的气氛有助于进一步与周围环境统一纹理效果。

34 更改纹理的颜色，复制图层并将其更改为其他颜色以增添场景多样性

35 重新调整明暗结构以使前景明度更低，然后添加其他类似外星氛围的气氛以统一新纹理

36

现在降低整个画面的灯光亮度，以便为自己留出一些空间来绘制反射和更苛刻的照明效果。你可以通过使用通道（见步骤 26）将高光从整个图像中分离到新的图层上。再次将此新图层的混合模式设置为【颜色减淡】，然后使用【橡皮擦】工具擦除你不希望反射的区域。

37

继续完善和细化画面。在此阶段，仍有明显的问题区域需要解决，例如飞船前难看的淡黄色烟雾以及飞船本身。使用其他烟雾纹理可以改善黄色烟雾的外观，请按照第 162~165 页制作黑色烟雾的步骤进行操作。在这种情况下，可以使用工具栏中的【吸管】工具从绘制的烟雾图层中选择颜色，调整颜色以使其与大致绘制的沙色烟雾相匹配，而不是将烟雾的颜色保留为灰色。使用【油漆桶】工具来填充烟雾素材。

继续使用软边喷枪进行调节以营造氛围。加入更多对比色会增加场景的奇异感，因此请在背景层中添加一些红色调，以防止画面看起来过于单调。你可以通过选择相关图层并在【色彩平衡】（Ctrl +B）弹出窗口中调整颜色滑块来完成此操作。

艺术基础

要成为一名技能娴熟的数字绘画师有很多方法。但是，你无法避免的一件事是对艺术基本原理的实际理解。你需要学习的关键技能是绘画、构图、设计、明暗、光照、透视、配色、材质和解剖结构，至少具有这些主题的基本知识才能成功。如果你发现画面难以达到你想要的结果，那么问题很可能出在这些基本领域之内。

36 将画面整体明度变暗以便于你使用通道的方法制作高光

37 用照片纹理代替难看的黄色烟雾，并继续对气氛和明度进行小幅度调整

细化飞船

38

现在是时候为飞船添加一些细节了。由于这是一艘坠毁的飞船，因此请寻找撞击后的汽车或其他严重损毁的汽车照片，将其放在粗糙的宇宙飞船草稿上看起来会很合适。

将照片复制并粘贴到新图层的画布中，然后使用【套索】工具剪裁汽车，确保删除所有可识别的元素，它们使纹理看起来明显是从汽车中提取的，而使汽车以外的纹理尽可能抽象。

39

使用【移动】工具将新的汽车贴图放置在飞船上。不断移动贴图，以查看如何将其与飞船的三维结构相匹配。将新照片图层的不透明度调低，以便仅添加微妙的细节。我也建议通过选择图层，并在【图层】面板中单击图层混合模式选择框内为【正常】的下拉列表来更改叠加模式。这将为你提供有关图层如何与其他图层交互的许多不同选项。尽管我一直强调要提前计划，但有时你也必须面对“快乐事故”。

再次回顾画面

40

自上次翻转画布以来，画面已取得显著进步，因此现在是再次翻转画布的好时机（【图像】>【图像旋转】>【水平翻转画布】）。翻转图像有助于我确定图像中的主光源位置。到目前为止，我一直保持照明非常柔和模糊，以使建筑环境可以被边缘光影响。

要添加边缘光，请先创建一个新图层，然后选择设置为高不透明度的宽纹理画笔。画笔加载亮白色，然后沿着位于灯光方向下的对象的上边缘进行绘画。对于较平滑的对象（如角色的制服），可能需要切换为质地较浅的画笔。需要注意的是，即使这是外星场景，灯光仍然需要与现实有些相似，使观众清楚地理解你的想法。

41

从新的角度观看画面，令我惊讶的是黄色的烟雾破坏了图像的纵深感。由于此场景的明暗关系是基于背景比前景浅的逻辑，但黄色烟雾现在似乎在飞船后面而不是在飞船前面，这将飞船从视觉上切成了两半。

黄色的烟雾必须消失，因为它无法在构图中起到任何作用。现在，请关闭黄色烟雾层的可见性，因为你可能稍后决定再将其恢复。如果确定不再使用它，则可以将图层移入垃圾桶。

重新评估

现在，你已经熟悉定期翻转画布的方法。但是，刷新你的视觉感官的方法不仅限于翻转画布。我将定期缩小画布到足够远的距离，以小幅缩略图的形式查看画面，或关闭【通道】中的颜色，查看在灰度显示时是否仍能很好地查看构图。
你还可以在Photoshop中关闭各个图层的可见性，以查看没有它们的情况下场景是否效果更好。如果你碰巧同时处理多个不同的部分，请在它们之间来回切换，让你的眼睛每隔一段时间休息一下。最重要的是，当你重新评估自己的作品时必须对自己诚实，如果发现某些修改不起作用，请及时删除。

38 选择挤压严重的金属或车辆的照片作为坠毁飞船的纹理效果

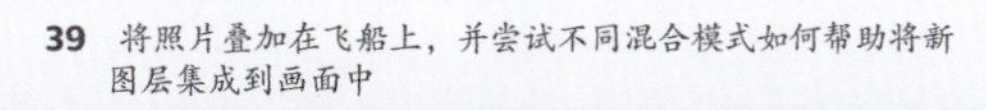

39 将照片叠加在飞船上，并尝试不同混合模式如何帮助将新图层集成到画面中

40 翻转画布以查看进度，然后开始引入主光源

41 当黄色烟雾和场景的明暗关系与构图冲突时，请关闭其图层的可见性

42

继续使用亮白色的粗糙画笔将新的灯光元素绘入场景，并使用【橡皮擦】工具擦除所有无效元素。在本幅作品中，我擦除了前景角色肩膀上的高光，并增加了丛林地面上的光线。在绘画时请不断调整图像明度以保持构图平衡并保持透视深度。

现阶段每个区域应有的大元素都已就位，绘画过程应主要集中在细节和优化上。现在，边缘光将一直保持最高对比度，这对于画面的成功至关重要。在边缘光优化步骤上你应尽可能花费较多的时间。

43

要进一步优化场景中的边缘光，请使用大号软边橡皮擦来柔化效果的边缘，并在必要时稍微降低边缘光层的不透明度，你可以更精细地雕刻场景中的三维结构。

从光效出发，对飞船进行进一步的改进。改变驾驶舱的形状和飞船的机头，并增加较小的细节。例如单个弯曲的船身面板。你可以通过在【图层】面板中的现有飞船图层上创建一个新图层，并在需要改进的区域上绘制来完成此操作。改变画笔和颜色以构建元素，并给人以粗糙或光滑的材质印象。在执行此操作的同时，我还略微更改了发光角色的轮廓，以使服装看起来更像航天员或飞行员。

备忘录

绘制插图时，我的秘密武器之一就是使用备忘录。我总是在画面的一侧保留备忘录，记录纸在与画面分离的图层上。例如，当你设计飞船时，工作起来很容易忘记一些细节，因此请务必记下最平凡的东西：油箱盖、天线、后视镜、悬架、门把手……这有助于释放你的大脑，让你不必担心整体外观。你可以让注意力集中在其他事情上，同时确保你不会忘记任何重要元素。

42 细化和调整场景中的灯光元素，只要使场景照明正确即可

43 柔化灯光效果并使用小细节完善飞船

创建衰减灯光效果

44

在此阶段，适合将斑驳的光源引入场景。实际上，这种光只是一种错觉，因为我们实际上不会改变场景的灯光。取而代之的是，将引入看似突破了茂密丛林植被的光束。为此，请在图层顶部创建一个新图层，然后从工具栏中选择【矩形选框】工具。单击并在画布上垂直向下拖动一个矩形。接下来，选择【油漆桶】工具，将其设置为白色，然后使用它来填充矩形。这是光束的最原始形状。

右击【图层】面板中的矩形图层，从出现的菜单中选择【转换为智能对象】选项，将矩形转换为智能对象。接下来，应用【移轴模糊】滤镜（【滤镜】>【模糊画廊】>【移轴模糊】）。在出现的【模糊】工具面板中，移动【模糊】和【扭曲度】滑块以在光线远离光源移动时创建柔化效果。在画布上，将滤镜的中心点移出画布，并直接放置在白色矩形上方，这将确保模糊方向跟随光的方向。

要完成光束，请选择【橡皮擦】工具，然后使用大号软边橡皮擦擦除光束的下半部分。逐渐减小轴的锥度，使光线进入丛林越深看起来越弱。

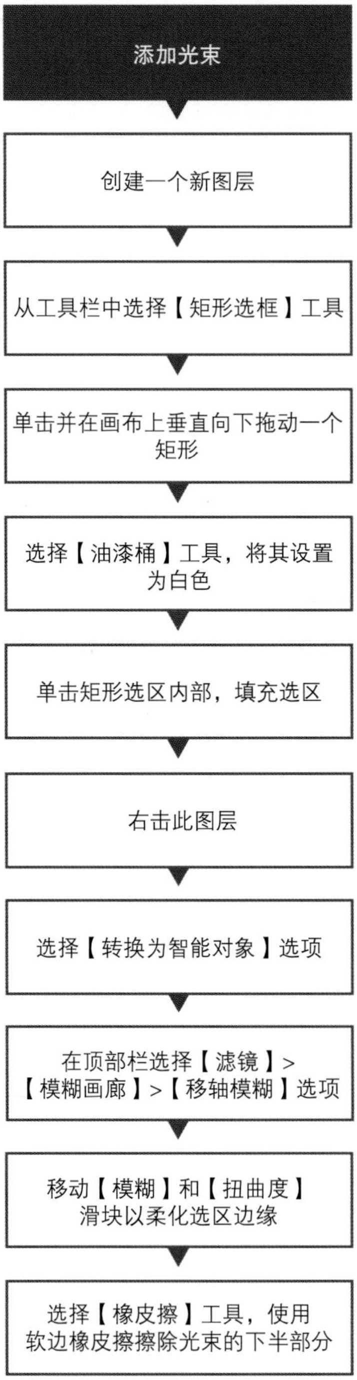

添加光束
▼
创建一个新图层
▼
从工具栏中选择【矩形选框】工具
▼
单击并在画布上垂直向下拖动一个矩形
▼
选择【油漆桶】工具，将其设置为白色
▼
单击矩形选区内部，填充选区
▼
右击此图层
▼
选择【转换为智能对象】选项
▼
在顶部栏选择【滤镜】>【模糊画廊】>【移轴模糊】选项
▼
移动【模糊】和【扭曲度】滑块以柔化选区边缘
▼
选择【橡皮擦】工具，使用软边橡皮擦擦除光束的下半部分

44 通过绘制一个白色矩形，并使用【移轴模糊】滤镜使其模糊，然后擦除下半部分，来创建单条光束

45

现在，一条光束已经完成，你可以轻松复制本图层以创建多条光束。一步一步地复制出多个图层，并使用【移动】工具使它们彼此偏移，以在画布的整个宽度上创建一组光束。可以将某些光束抻得更宽些，而另一些光束变得更窄。你甚至可以将它们重叠以营造一种光线随机穿过树林的感觉。

46

为了使灯光更具外星氛围，请将灯光颜色改为淡淡的绿色。在每个光束层上，选择【图像】>【调整】>【色相/饱和度】选项，然后调整滑块以使光源略带绿色。

完成一层后将其移动到【图层】面板中的前景层之下，并使其变形以适合场景的透视。为此，请转到顶部栏的【编辑】>【变换】>【扭曲】选项；光束周围会出现一个框架，你可以使用选择标记推拉该框架以重新定向光线。当你对效果满意时，请单击【提交变换】对钩图标以处理该图像，对其他光束层重复此过程。

正视批评

你的任务是将客户的愿景变为现实，几乎总是需要进行一些调整才能充分体现客户的想法。重要的是，不要带个人情绪去做这项事情，并记住这是工作的一部分，将其视为改进你的作品并从中受益的机会。

你偶尔会收到你认为不合理的反馈，在这种情况下，与客户讨论为什么你认为自己的计划会取得更好的结果会有所帮助。但是有时候你只需要咬咬牙满足客户的要求就可以了。

45 多次复制光束层，并使用【移动】工具在画布上随机分布

46 用【色相/饱和度】调整为光轴染上绿色

添加效果

47

为了使丛林更加有机自然，我想引入更多的天气元素。使用各种不同小号画笔，随着画笔尺寸的增加，降低不透明度，在新图层上各处添加一些飘浮颗粒。然后新建图层，拖动低透明度的较窄笔触制作雨滴效果。这些元素将增加大气的密度，并使丛林环境显得郁郁葱葱。

48

在【图层】面板中于飞船图层上方新建图层，将一群飞鸟的照片素材添加到背景中。通过【图层】>【锁定图层】>【透明区域】选项或通过单击【图层】面板上的方格图标来锁定图层的透明区域。这将使你可以在飞鸟形状上绘画而不影响图层的透明像素，从而保留飞鸟。

为了营造飞鸟在光束中穿越的景象，请使用简单的圆形画笔，将浅色背景上的飞鸟涂成黑色，将深色背景上的飞鸟涂成白色。这表明飞鸟在捕捉阳光，但最重要的是使它们从各自的背景中脱颖而出。这些飞鸟的加入突显了坠毁飞船的规模，并使现场更具史诗般的氛围。

在此阶段，你还可以在前景角色的护目镜上绘制较为明确的材质，因为它目前仍然很潦草。在护目镜上绘制模糊的环境图像，以表明闪亮、光滑表面的反射。请注意，看向表面的视角越陡峭，它的反射就越高。护目镜在玻璃表面弯曲及环绕结构的边缘最具反射性。切记，在努力使图像尽可能清晰的前提下不断细化明度和透视深度。

49

为了进一步强调飞船的规模，请在飞船底部与丛林地面交汇的地方标记出几个较小的形状。使用一个新图层来执行此操作，将其放置在飞船层和背景角色层之间，并使用设置为低不透明度的深色抽象画笔进行绘制。通过对比，飞船会显得更庞大。

另外，我增加了光束层的不透明度，以增强斑驳光线的气氛，并用大号硬画笔绘制额外的电缆，细化了前景人物的轮廓，使他的服装看起来更像航天员。

47 用不透明的画笔绘制雨滴和飘浮的颗粒，营造更浓密的氛围

48 将飞鸟绘制到背景中以帮助凸显比例

49 通过增加光线的不透明度并为飞船和前景角色添加细节，对场景进行少量调整

50

此步骤将总结画面主要元素的构成。我想添加额外的类似于外星植物的前景图层，以将纵深感发挥到极致。这也应该有助于将整个丛林主题传达给观众。

与其寻找这种植被的植物图片，不如使用更抽象的东西，例如螃蟹的照片素材。螃蟹的腿部结构可以与作品里的植物融合在一起，从而赋予其更奇特的外星氛围。

要将螃蟹变成植物状，请将其复制并粘贴到 Photoshop 中，从背景上分离出来，然后将螃蟹层复制多次。将复制出的每一层均使用【编辑】>【变换】>【旋转】操作，沿不同方向旋转图像。将图像放置在画布边缘并重叠，以使图像散布在画布边缘周围。

51

微微使画面的边缘变暗，以更加强调场景的中心焦点（在本例中为坠毁的飞船），并使构图不那么杂乱。你可以使用大号软边喷枪在边缘上绘制深色以实现此目的。这也能帮助你巧妙地增加中心的对比度，也将吸引观众的视线，使其将注意力集中在这里。

使用抽象参考

将照片用于无关的主题时，请务必始终遮盖或去除可识别的元素。在这种情况下，为使螃蟹看起来更像植物，请尽量避免出现钳子。取而代之的是，使用螃蟹模棱两可的部分，如后腿。使用难以识别的元素将引起观众自主思考更具想象力的方案以识别该元素。

看起来几乎无法辨认的蟹腿造成混乱并支撑起了外星人主题

50 查找不同寻常的参考文献和参考图，例如下图这种螃蟹，以创造有趣的外来植物图像

51 使画布的边缘变暗，以将观众的注意力吸引到场景的中心

镜头效果

52

现在是时候进入过程的最后阶段了：营造镜头效果！首先，通过复制并粘贴屏幕污渍的参考素材，在“相机镜头”（这里是画布创建的视图）上添加一层污垢。将污垢层的混合模式设置为【线性减淡(添加)】，并将不透明度尽量降低。请牢记，这里的关键是“微妙”。此外，请使用大号软边橡皮擦清除各个区域的一些污垢和污迹。理想情况下，你只希望将污垢伪影保留在大量光洒入相机镜头的区域附近，并避免覆盖作品中的任何重要细节。

53

要复制相机视角，你需要通过增加黑色调并重点显示突出部分来限制画面的动态范围。当相机污垢层位于其他层之上时，你可以使用它来影响其下的整个图像。选择相机污垢层，然后选择【图像】>【调整】>【色阶】选项，以创建色调效果。

另外，你可以通过将整个色相微移到紫色范围来限制颜色范围。为此，请使用【照片滤镜】选项(【图像】>【调整】>【照片滤镜】)，将弹出一个窗口，可以在其中选择颜色并为滤镜调节不透明度。同样，“微妙”很重要，因此，如果将这些效果添加得太过，可能会丢失很多关键的视觉信息。

54

现在，可以使用一个有趣的效果：添加一个色差滤镜以复制摄影缺陷。此滤镜将在图像的所有边缘上添加一个细微、彩色的条纹，选择【滤镜】>【镜头校正】选项，将打开一个新窗口，该窗口显示一侧带有图层的面板。在面板中，选择【自定】选项卡，然后在【色差】下移动滑块以增加或减少色带。这是一个非常微妙的效果，但是在图像的边框周围会更加明显。

最后但并非最不重要的一点是，应用【杂色滤镜】以产生一个最终的相机效果，这将增加照片的真实感。选择【滤镜】>【杂色】>【添加杂色】选项，将弹出一个窗口，你可以在其中移动滑块以增加像素中的杂色水平（显示在面板上的预览框中）。在此图像中，杂色可以保持相当低的水平。

镜头效果

镜头效果是一种视觉效果，可以提高作品的电影品质。要了解使用这些效果的重要性，至关重要的是要明白相机不具备与人眼相同的功能。动态范围、色彩识别和失真只是相机的一些缺陷。但是，要创建逼真的图像，你可以人为地在图像中添加瑕疵来利用这些缺陷。

52 灰尘的照片可以在非常低的不透明度下使用，给人以相机镜头的印象

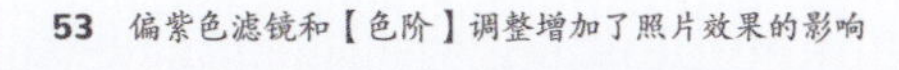

53 偏紫色滤镜和【色阶】调整增加了照片效果的影响

54 色差和【杂色滤镜】可为图像提供最终的真实感效果

签名

完成作品后，请不要忘记对其进行签名——并尝试做出清晰易辨的签名！尽管这看起来很普通，但实际上却至关重要。我无法告诉你美术总监和设计师什么时候会看到你令人惊叹的作品，但当他们想要雇用该艺术家时，却无法知道该艺术家是谁是多么遗憾的事。

TKOCZ'18

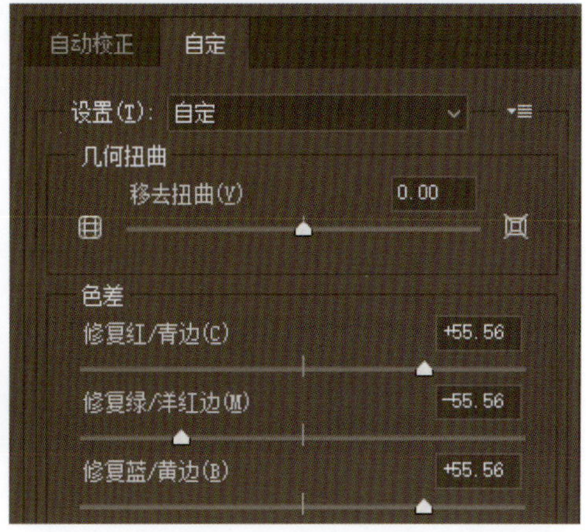

过程总结

Final artwork © Matt Tkocz

Pit © Matt Tkocz

Life raft © Matt Tkocz

Orb © Matt Tkocz

Titan © Matt Tkocz

Tokyo © Matt Tkocz

蒸汽朋克探险家

05

简　介

正如本书前面提到的，要适应数字化绘画需要一些时间。在某些情况下，开始工作之前在纸上勾画出你的想法，这对创作很有帮助。Photoshop的众多优点之一是，它允许你在界面中直接使用导入的传统草图扫描图。

在本项目教程中，你将学习如何以一种有效的方式将传统草图转换为数字插图。所使用的过程将有助于保持平稳的过渡，这样你就可以更专注于创造。此外，这个项目还将指导你通过一些简单但有效的Photoshop工具，用有趣的方式解决常见的传统绘画问题。

艺术作品本身就是一个以人物为基础的故事场景。由于这是一个叙事场景，角色将需要一个动作姿势，在场景中需要给角色一些可信且真实的道具和配件。在整个项目中将在不过度复杂的情况下，指导你如何开展叙事和动作，如何让背景为你的构图服务，以及如何使用灯光来建立整体气氛。

蒸汽朋克探险家

达里娅·拉舍夫

概念艺术家

达里娅来自俄罗斯圣彼得堡，在视频游戏开发行业工作多年。她曾为电子艺界(Electronic Arts)、BioWare、Riot Games和育碧(Ubisoft)等公司服务。

关键技能

- 导入手绘草图
- 导入照片
- 使用选区
- 使用蒙版剪裁
- 使用图层混合模式
- 合并图层
- 使用图层蒙版
- 取样图层
- 配色调整

辅助工具

- 魔棒工具
- 标准画笔
- 橡皮擦工具
- 钢笔工具
- 套索工具
- 多边形套索工具
- 污点修复画笔工具
- 移动工具
- 横排文字工具
- 裁剪工具
- 杂色滤镜

准备草图

01

在这一叙事场景中，我将在一个多山的环境中创造一位女性探险家或冒险家。要想引人入胜地讲述一个故事，角色需要有令人兴奋的动作姿势和配饰，让观众了解她的背景故事。

为了激发插画的创意，可以从一张简单的手绘草图开始。以传统方式而不是数字方式绘制草图，可以帮助你快速记下你的想法。如果你还不习惯使用数字方式绘制，可以使用铅笔、钢笔或任何你觉得舒服的绘图工具，以保持自然的创作流程。这不是一个创造完美草图的练习，只需粗略的基础绘制即可。

建议你在这个阶段探索各种构图和人物动作姿势，但是记住，从一个简单的草图开始总是好的。在这里，我探索了一些女性角色的姿势，从一个坚强的女孩到飞行员冒险家。

02

我会继续画下去，因为我喜欢这个角色的姿势和服装，我想最后的结果会很有趣。建议把你的素描作品扫描到电脑里，不过你也可以拍照上传。然而，照片的质量通常比扫描图像的质量要低，而且有可能会有不想要的阴影，这意味着需要更多的工作才能使照片达到可用状态。而扫描可以给你一个干净、高质量的数字版本的草图。

如何将草图扫描到电脑中取决于扫描仪的设置，一般来说，你不需要做什么复杂的事情就可以使扫描图适合 Photoshop。确保扫描分辨率设置为 300 dpi，并将扫描保存为 JPG 文件。

建议你为每个项目创建一个特定的文件夹，给它和里面的文件起清晰合理的名字，这些名字在将来回查时会很有用。这种组织习惯将帮助你管理工作空间。

01 在纸上画草图，找出最佳姿势

02 选择最有趣的草图并扫描到你的电脑里

03

打开 Photoshop，不需要创建画布，选择【文件】>【打开】选项并选择你的素描 JPG 文件，或者简单地将它从你的桌面上拖到 Photoshop 工作区，草图将作为背景层出现。

定制适合你的 Photoshop 工作空间，因为默认的工作空间可能会让你感觉有些冗余。关闭任何你不需要的菜单；我建议你关闭该项目的色板、调整、通道、路径和库。在这种情况下，你只需要图层面板、历史记录和颜色菜单。

当你对工作空间满意时，开始调整图像的大小。按快捷键 Ctrl+Alt+I 或选择【图像】>【图像大小】选项在弹出窗口中设置图像大小，至少选择 3500 像素 ~4500 像素，分辨率为 300 dpi。这将给你一个大画布，便于实现高水平的细节。

04

现在我们要修改草图。首先，创建一个数字版本的描图纸，它将允许你仍能看到草图的关键元素，但隐藏一些不必要的信息。要做到这一点，到【图层】面板的底部，单击黑白圆圈图标（【创建新的填充或调整图层】），启动一个菜单，列出不同的图层选项。在弹出窗口中选择【色相 / 饱和度】，保持色相和饱和度为 0，将明度设置为 70。这将创建一个层，使素描线条颜色显得更浅，但不直接改变素描。

05

现在的背景部分被遮挡是为了重新确定主要的形状和轮廓，你不需要太完美的线条，按快捷键 Shift+Ctrl+N 或单击【图层】面板底部的图标创建一个新图层，然后选择【画笔】工具 (B)，笔头为硬边圆。建议你尽快开始使用快捷方式，因为这个习惯会为你后续的工作节省很多时间。使用一个明亮的颜色来绘制，使新线条从你的素描线条中脱颖而出。

在绘画的早期阶段引入透视网格，将帮助你在整个绘画过程中不犯明显的错误。要做到这一点，在地平线上建立灭点，画线的时候按住 Shift 键向下画出垂直的透视线。

绘画技巧

艺术家们普遍认为，大多数问题都是在最初的构图阶段出现的。一个显示透视、体积和场景构造的绘图基础技能，能成功地将你的艺术作品提升到专业水平。如果你不是一个自信的人，从长远来看，花点时间来练习绘画技巧是非常值得的。使用你的速写本从画生活中简单的几何图形开始，逐渐过渡到更复杂的场景以提升技能。

03 为了使用方便，应将重要的面板放置在靠近画布的地方

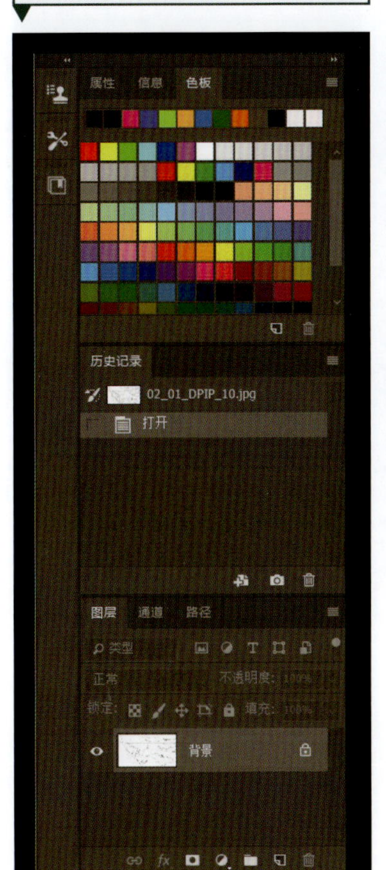

04 调整色相/饱和度，增加明度，以期在草图上创建扫描图纸效果

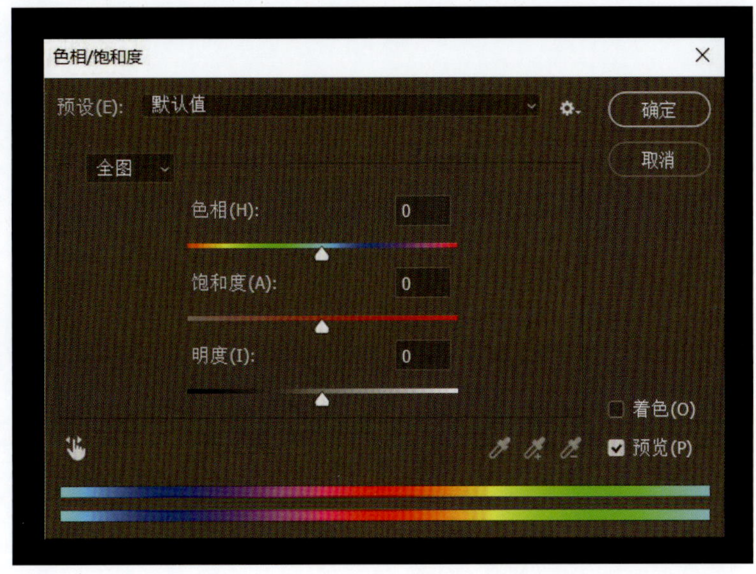

05 用直线创建透视网格

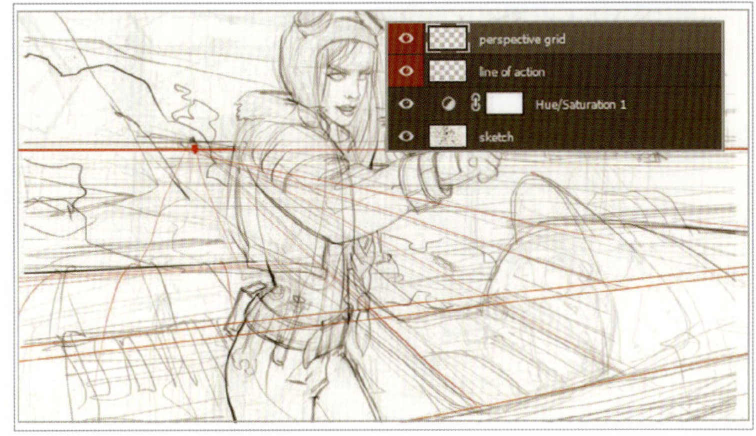

06

在这一步中，通过将场景划分为抽象的形状来检查构图的组成。你可以使用【多边形套索】工具，将画面划分为三四个区域以供使用（见图06）。

新建一个图层，从工具栏中选择【多边形套索】工具（右击并按住【套索】工具打开套索选项菜单，或者使用快捷键Ctrl+L）。这个工具类似于套索工具，但它使用直线创建选区，这是简化的绘画模式。通过在画布上单击工具来绘制要填充的区域后按回车键确定形状建立选区，然后切换到工具栏上的【油漆桶】工具(G)。选择一个灰度色调来代表物体在场景透视图中的位置（请记住，前景中的物体比远处的物体具有更暗的值），然后单击【确定】按钮填充选区。这里的目标是忽略细节，为画面的主要元素创建一个非常粗糙、简单的轮廓。

从生活中学习

从生活中学习绘画是你可以做的最有用的练习之一，它可以加快你的创作过程。在这个练习中投入足够的时间，你将会本能地理解图像是如何改变的。这就像用高质量的材料填充你的视觉库，将来会在你自己的创作中使用到。作为数字艺术绘画的初学者，你永远不可能仅从照片或其他艺术家的作品中学习绘画。你也可以挑战自己在一个月的时间里每天画画，你会学到很多，从而准确地绘制三维形态。

使用多边形套索工具进行选择

↓

右击工具栏上的【套索】工具图标

↓

在弹出选项中选择【多边形套索】工具

↓

使用该工具对边缘建立选区

↓

拖动光标到第二个边缘位置

↓

单击创建选区的第一行区域

↓

该工具只能创建直线

↓

继续在物体边缘画直线

↓

确保最后一条线回归到第一条线

↓

选区将变成可移动的折线

↓

可以使用其他工具移动，例如【移动】工具

06 抽象化是检查构图的好工具，使用【多边形套索】工具，用不同的灰调分块建立选区

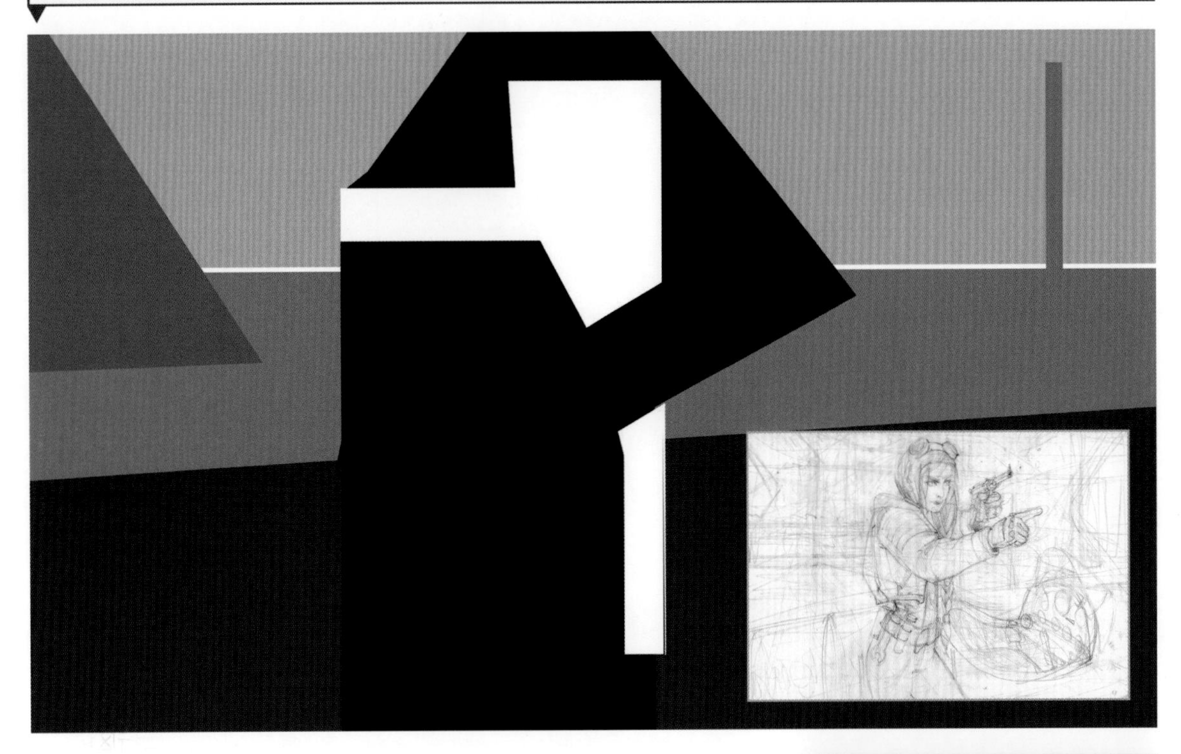

修改组合

07

在满意的构图基础上继续创作，我觉得这张合成图需要稍作剪裁以增加冲击力。为此，选择【裁剪】工具(C)，确保选项栏中的【删除裁剪的像素】取消勾选。这确保你不会丢失任何裁剪的信息，并且始终可以后退一步。从图像的边缘裁剪一些空间，将人物放到前景的更远处。

08

现在你可以开始修改草图了。在 Photoshop 中有一个特别有用的工具来处理手绘图：旋转视图工具。按 R 键激活【旋转视图】工具，或者按住工具栏上的手形图标，将弹出一个菜单，可以切换到【旋转视图】工具。这个工具可以旋转你的画布，就像你在写生簿里画画一样，这让你的绘画体验更自然。或者可以选择【图像】>【图像旋转】选项来选择一个角度旋转画布。

通过创建一个新图层，并绘出草图中最成功和最吸引人的形状，重新导入初始草图的细节。用【橡皮擦】工具去除所有冗余元素，然后用基本的 Photoshop 画笔画出新的细节。我粗略地画了一辆蒸汽动力汽车。车辆的形状和节奏应该支持主要人物背后的风格和冒险含义。

从抽象的构图草图中，我也得到了在背景中添加一个塔状结构的灵感。先把它简单地画成一个基本的形状，以后再细化。当你完成了图像的精炼后，在【图层】面板中创建一个新的图层并使用【油漆桶】工具填充白色遮挡最初的草图。

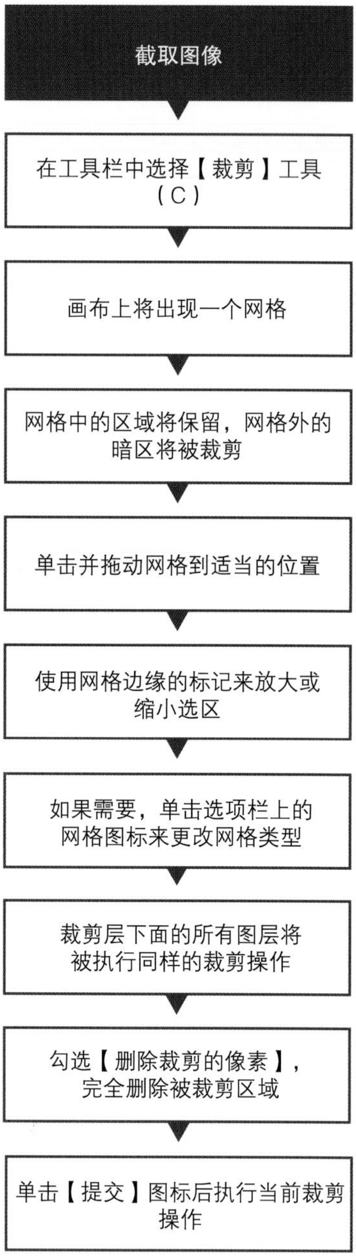

截取图像

↓

在工具栏中选择【裁剪】工具(C)

↓

画布上将出现一个网格

↓

网格中的区域将保留，网格外的暗区将被裁剪

↓

单击并拖动网格到适当的位置

↓

使用网格边缘的标记来放大或缩小选区

↓

如果需要，单击选项栏上的网格图标来更改网格类型

↓

裁剪层下面的所有图层将被执行同样的裁剪操作

↓

勾选【删除裁剪的像素】，完全删除被裁剪区域

↓

单击【提交】图标后执行当前裁剪操作

07 显示裁剪工具和旋转视图工具的功能

08 从最初的草图中去除所有冗余的视觉干扰元素

09

用 Photoshop 完成一个精致的草图后，你最自然的本能是开始绘画，但有必要花一些时间用一系列的图层蒙版来分隔不同的关键元素和透视，这将帮助你构建图像并隔离任何不准确的部分。

首先使用【钢笔】工具(P)创建人物轮廓的图层蒙版，钢笔工具是建立这种选区的好工具，因为你可以编辑选区的每一个缝隙。从工具栏中选择【钢笔】工具，沿着轮廓边缘画一条直线。如果你想创建一条曲线，单击创建一个锚点，然后拖动切线来创建曲线。这一系列的小线条让你有足够的标记来调整选区，完成勾画后，确保最后一个点与开始的点重合即完成选区，最后按住 Ctrl 键拖动选区到人物需要放置的位置。

完成后，请确保在选项栏的左上角选中了【路径】选项。创建一个新图层，右击画布，选择【建立选区】选项，然后在弹出窗口中单击【确定】按钮。现在单击【添加矢量蒙版】(图层面板上的矩形圆圈图标)来创建人物轮廓的图层蒙版。对车辆、烟雾和任何可见的中景和背景平面重复此过程，为每个部分创建一个新图层。

使用钢笔工具进行选择

↓

从工具栏中选择【钢笔】工具(P)

↓

沿着元素的一条边画一条直线

↓

为每一个折痕或角落画一段新的线

↓

通过绘制到初始点创建选区

↓

在选项栏里选择【路径】

↓

右击画布

↓

在弹出菜单中选择【建立选区】选项然后单击【确定】按钮

实践和学习

成为一名优秀的数字画家的秘诀是热爱学习。学习艺术技能是一段永无止境的旅程，它需要你有无限的动力。好消息是你练习得越多，你的技能就会变得越强。成为一个成功的数字画家的所有途径都需要实践和学习。

09 对复杂的对象来说，【钢笔】工具是一个非常方便和灵活的工具

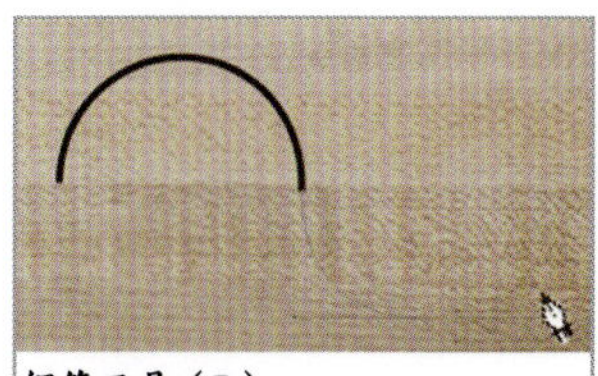

钢笔工具（P）
使用带有箭头的点和线条来改变路径或形状的工具。

色块填充

10

我喜欢从背景开始上色。先从【拾色器】中选择深蓝绿色画底色，设计一个经典的橙色－绿松石色的夜晚场景，与角色的动作结合增加了戏剧性。方形画笔适合于初始的风景效果，你可以在标准的Photoshop画笔中找到一个合适的方形画笔。

在地平线处把青色的天空画得稍浅一些，然后用同样的方形画笔在山中画出深棕色。在这个阶段，你只需用山的轮廓线和纯色来遮盖画布的白色。稍后会回到背景去添加日落，现在做的这些有助于你把注意力放在角色上。

11

现在是时候画一些局部颜色了（在打光或阴影之前画的一些基本颜色）。局部颜色层将在整个项目中使用，因此这是创建最终图像的重要步骤。首先，使用【油漆桶】工具用一种颜色填充人物轮廓。现在可以处理第09步中的其他关键元素（如车辆、烟雾等）图层，为它们涂上局部颜色。

添加完局部颜色后，返回角色的局部颜色蒙版再创建一个新图层。按住Ctrl键单击当前蒙版，然后选择新图层，将图层蒙版映射到新图层。接下来，单击【图层】面板底部的【添加图层蒙版】图标，蒙版的副本将被应用到新图层。使用【画笔】工具（关闭压力不透明度），用更多的颜色填充轮廓。尽量保持涂抹均匀，因为这将有助于后期添加正确的照明。因为我的意图是营造一个夜景场景，所以我使用低色度的颜色。

12

我需要对红色手套和紫色夹克做一些颜色修正来统一配色方案。这可以通过【魔棒】工具(W)和【色相/饱和度】菜单轻松完成。选择角色的局部颜色层，从工具栏中选择【魔棒】工具（确保魔棒公差不高于10，并且【采样所有层】选项是取消勾选的）。现在，单击人物的外套，并按快捷键Ctrl+U激活【色调/饱和度】窗口。移动色调滑块，直到你得到一个喜欢的颜色，然后单击【确定】按钮。在你想调整颜色的其他区域时重复这个过程，你可以多尝试几个不同的选项。

不要害怕不足之处，经常检查画面然后解决它。在这里你可以看到我改变了人物的脸来增强表情，使颧骨更明显，眉毛更低。为此，在现有的图层之上创建新图层，并保持目前的特性继续绘制。首先，创建一个新图层，使用硬边圆画笔重新绘制线条。当你拥有满意的新线条时，使用【橡皮擦】工具删除旧的线条，再使用硬边圆画笔返回新绘制的地方去填补局部颜色。为了使你轻松地选择任何元素，以方便后续修整，保持局部颜色层易于访问是一个不错的方法。

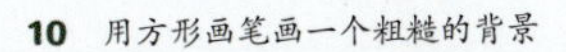

10 用方形画笔画一个粗糙的背景

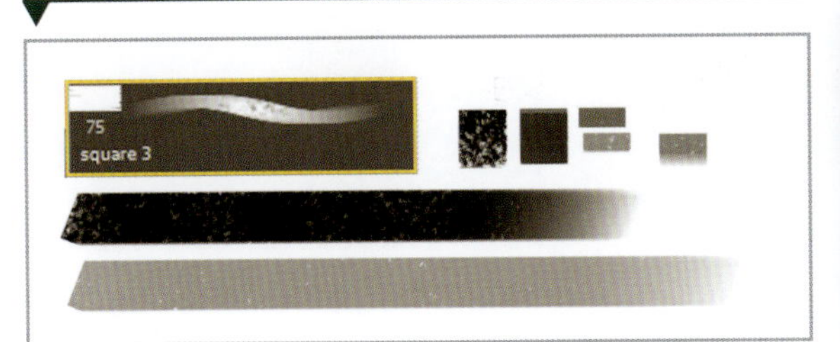

11 用局部颜色填充蒙版轮廓，保持夜景的色彩柔和

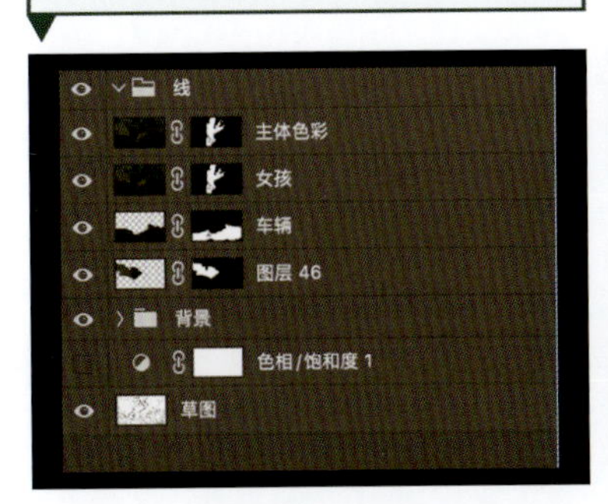

12 用【魔棒】工具和【色相/饱和度】菜单修正配色

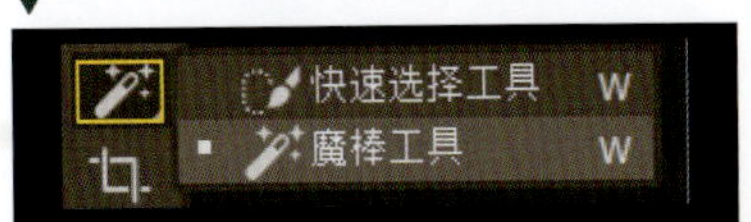

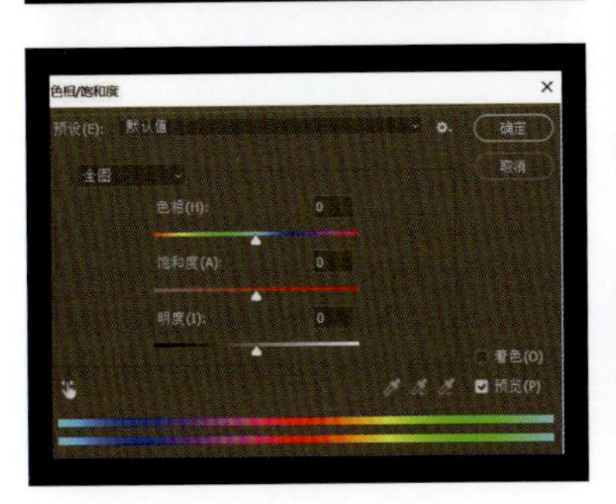

建立光源

13

在人物轮廓上我们要用一个初步的、一般的光影来实践。一个有效的光影过程可以分为三个阶段：光源基础、直射光和阴影。在第一个阶段中，我们将处理光源基础，它给了光的一般感觉。

我想要场景暗示紧张和危险的情绪，以配合角色“离我远点”的姿势。经过一番思考，我决定主要的灯光方向应该是从人物下方开始，因为这是增加戏剧效果的最佳方式之一。

创建四个新图层，每个图层都有一个蒙版（就像你在步骤 09 中做的那样）。接下来，选择第一个新图层，给光源基础创建一个适当的照明渐变，这甚至能给平面色彩增加立体感。要创建这个渐变，从工具栏中选择【渐变】工具（右击并按住【油漆桶】工具以显示选项）。现在查看选项栏（见图 13a），双击渐变预览打开渐变编辑器弹出窗口（见图 13b）。

接下来，从预设选项中选择一个【双色渐变】，然后使用滑块来改变渐变效果。这个场景需要一个从黄色到灰蓝色的渐变，所以单击滑块来选择每个滑块，然后单击【颜色】选项打开【颜色选择器】窗口。当你选择好颜色，单击并拖动光标为人物的轮廓进行渐变填充（见图 13c）。最后，设置图层的混合模式为【叠加】（见图 13d）。

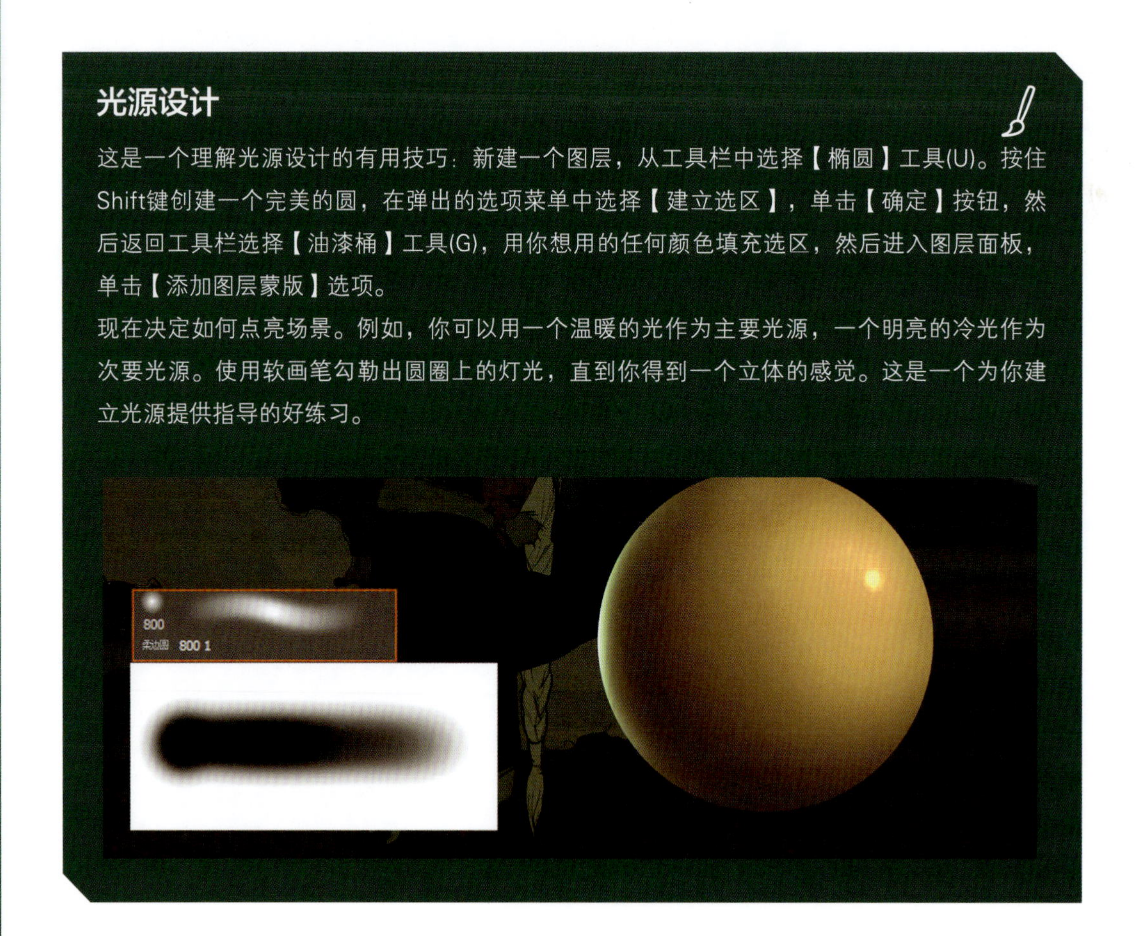

光源设计

这是一个理解光源设计的有用技巧：新建一个图层，从工具栏中选择【椭圆】工具(U)。按住Shift键创建一个完美的圆，在弹出的选项菜单中选择【建立选区】，单击【确定】按钮，然后返回工具栏选择【油漆桶】工具(G)，用你想用的任何颜色填充选区，然后进入图层面板，单击【添加图层蒙版】选项。

现在决定如何点亮场景。例如，你可以用一个温暖的光作为主要光源，一个明亮的冷光作为次要光源。使用软画笔勾勒出圆圈上的灯光，直到你得到一个立体的感觉。这是一个为你建立光源提供指导的好练习。

13a 在选项栏中查看工具

13b 打开渐变编辑器

13c 单击并拖动光标到角色的轮廓上进行渐变填充

13d 设置图层的混合模式为【叠加】

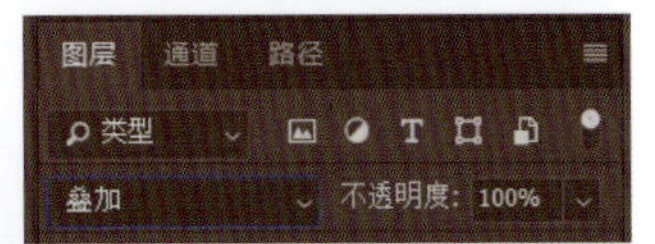

14

现在，让我们看看如何使用颜色减淡模式快速构建光源。创建两个新图层：一个用于主照明，另一个用于边缘照明。在顶部的工具栏，选择【图层】>【图层样式】>【混合选项】选项，将弹出一个窗口，在常规混合模式下，从混合模式菜单中选择【颜色减淡】，然后单击取消高级混合部分中两个自动填充的复选框（对【将剪贴图层混合成组】和【透明形状图层】选项取消勾选）。这些调整将使光源更自然和温和。

现在可以开始使用 Photoshop 笔刷在图像上绘制灯光效果。颜色减淡模式使用较亮的颜色来创建明亮的灯光，黑色作为橡皮擦。你可以使用一个柔边圆画笔作为基础来定义主照明，然后用硬画笔进行修正。不要忘记在笔刷上启用压力不透明度来增加你对场景中灯光出现位置的控制。深色和暗淡的色彩是特别有效的，因为它们能使你现在画的光有更大的对比度。

15

要快速设置阴影，可以将图层中的暗区设置为【混合模式】选项。我为阴影创建了一个新图层，并在【图层】面板中将图层的混合模式设置为【正片叠底】，这是快速设置基础阴影的好方法。如果你发现在你的图像中叠加效果不佳，那可能是因为在亮部和暗部的颜色之间存在不一致的关系。在这个场景中，光源的区域应该使用暖色调，而阴影应该使用冷色调。如果阴影的色调比光区温暖，就会产生浑浊的效果。

然而，你需要给阴影的颜色增加一些精度。要编辑颜色密度和饱和度，请按快捷键 Ctrl+U 打开【色相 / 饱和度】窗口。调整滑块直到你得到想要的效果，但是要小心避免让颜色看起来很脏或者太暗。你也可以改变图层的不透明度，使阴影更加微妙。

14 使用颜色减淡混合模式的光源

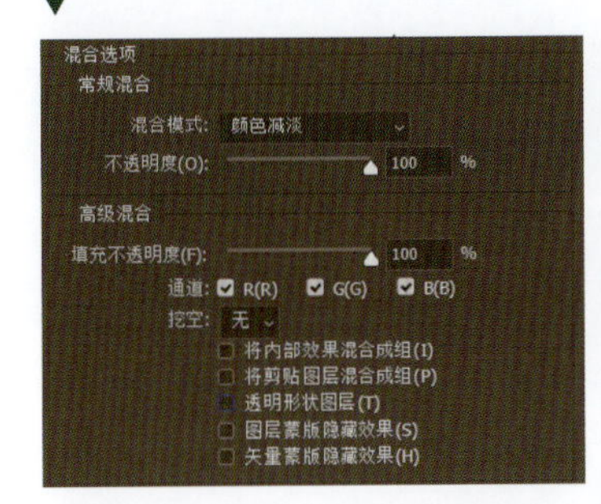

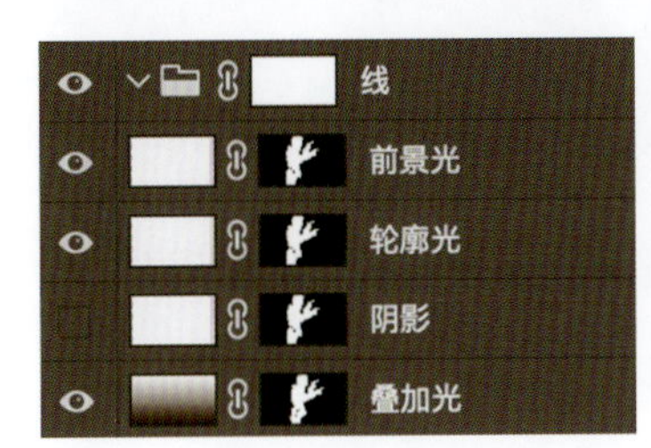

15 添加主光源产生的微妙阴影

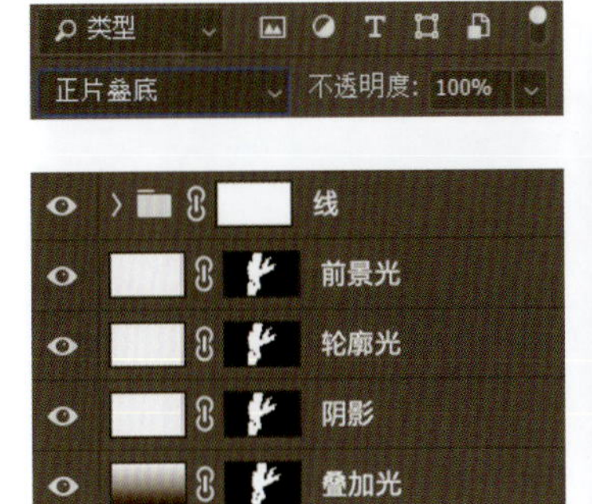

服装上色

16

在你开始给衣服上色之前，最好找一个合适的参考材料来学习衣服是如何折叠的。这个角色主要穿戴着飞行员夹克、皮裤、手套和飞行员帽。试着找一些上述物品的高分辨率照片作为参考。如果你找不到好照片，不要犹豫，自己做一张：智能手机摄像头可以拍出质量足够高的照片。

拥有现实生活中有用的参考资料后，可以从画人物的夹克开始。绘画时，我通常使用简单的硬边圆画笔，因为它是光滑和半透明的。用短笔触在她的夹克上画一些块状的褶皱，让这些笔触跟随人物身体的形状。在你绘画的时候要分析场景中的一切，它们都需要呈现立体感。

你也应该密切注意材质纹理。皮革是相当反光的材料，所以在人物的袖子底部有温暖和明亮的颜色，在她的肩膀处有一个绿色的高光区，表现了光线在材料上的真实效果。为了获得更多的细节，你还可以在人物的袖子顶部添加一些不饱和的灰蓝色笔触，因为这是袖子反射天空环境光的地方。

织物绘制

在绘制织物纹理时，为了达到真实的效果，你需要考虑以下几点。首先，考虑织物的表面纹理是什么样的，它是光滑的，编织的，还是不平整的?在某些情况下，你可能需要将画笔与材质的纹理相匹配，或者在照片的纹理上进行绘制，以获得正确的外观。其次，注意材料的反射性。如果它很亮，会反射周围的光，也会呈现出一些独特的颜色。第三，考虑织物是如何放置在人物或物体上的。是否需要对体形做圆滑过渡？织物是否因使用而起皱？最后，将图像作为一个整体来看，并考虑你正在绘制的效果和附近物体的效果之间是否有足够的对比。是否很容易区分不同物体的表面纹理?如果没有，观众识别画上描述的材料时将会十分吃力。

16 夹克袖子上的背光效果可以用照片作为参考

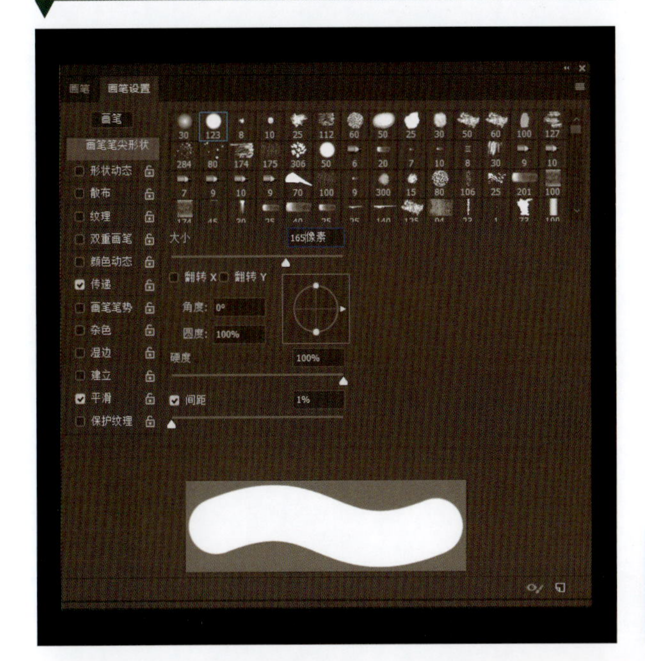

17

我喜欢快速绘制角色的面部特征，因为这让我的绘画过程更加有趣。要做到这一点，为脸部创建一个新图层，选择一个硬边圆画笔。绘制重要部分，忽略脸部边界，因为这些可以稍后修复。在这张图中，脸部是从下方被照亮的，这意味着她的脸颊和眉毛将是明亮的。然而，她的颧骨、前额和上唇将处于阴影中。你肯定不想让她的脸变得太粗糙，所以要尽量降低光影的对比。

18

当脸部的主要部分绘制好后，用【橡皮擦】工具(E)擦掉多余的笔触。然后选择硬边圆画笔开始增强细节。首先，在颧骨、眼睛和嘴唇上添加温暖的深色阴影。在鼻梁及两侧添加更锐利的阴影。脸通常有自己的颜色区，在此场景中，是蓝色的嘴、红色的脸颊和黄色的前额。创建一个新图层，用颜色混合模式添加一个非常微妙的色釉。调整图层的不透明度，直到看起来很自然。最后，在人物眼睛的阴影处添加深色的笔画，化出“猫眼”妆。

绘制面部表情

在面部创作特定的表情时，我喜欢用简化的版本突出主要的个性特征。如果角色表现得狡猾，我将主要关注他们的笑容。当这一切完成后，你可以转移到第二个特征，如狡猾的眼睛。当基本元素完成时，再添加一些细节来强调主要特性。在脸上添加情绪似乎会让人害怕，但只要把它分解成几个小步骤，就是一个简单的过程。

17 用柔边圆画笔绘制面部特征

18 绘制脸部的较深阴影

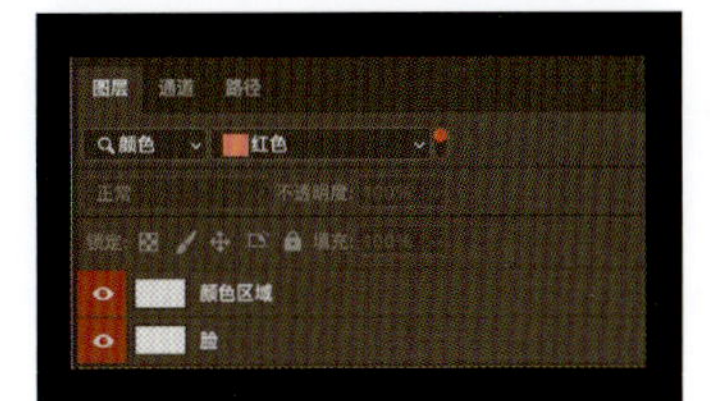

修复错误

19

我意识到角色的飞行员帽有一些错误：眼镜看起来不正确，因为两个镜片距离太远。要纠正服装错误，找到你的局部颜色图层，使用【魔棒】工具(W)选择帽子区域。新建一个图层，选择【添加图层蒙版】，创建帽子轮廓的蒙版。选择硬边圆画笔，在帽子上涂色，忽略玻璃以创建整体感。现在，选择一个较深的棕色，并把笔刷调小，在材质接缝上涂色。勾画织物接缝是显示服装结构的好方法。接下来，在帽子边缘添加一些尖锐突出的高光，并在帽子的顶部表面添加较暗的环境反射。

20

现在你可以重新在帽子上绘制一副新的眼镜。创建一个新图层，粗略地为眼镜绘制轮廓。当你对轮廓满意时，开始画小细节。在玻璃的边缘添加一些温暖的高光来显示立体感，由于玻璃材质具有很强的反射性，浅色和深色之间的对比度可以设置较高。

21

仿照帽子的修正，人物的头发和外套的皮草领子可以得到相似的改善。在这种情况下，你不需要使用特定的发刷，同样的硬边圆画笔就可以了。如果你想轻松地画头发，把头发看成一个有体积的物体。另外，领子可以被看成一个管状的卷。

在衣领上涂点儿毛的效果，以模仿羊毛的质感，这比长毛皮更适合飞行员夹克。通常使用奶油色和黄色，并在重心处添加蓝色，显示出立体感。

为角色的头发添加一个更深的阴影，使那里的线条重叠，并突出最显眼的部分。现在不要画分开的头发，因为我们稍后会再讲，这一步的目标是绘制一个卷。在帽子上画一点阴影，使光源更有趣。

19 角色帽子上的眼镜存在问题，需要修改

20 在帽子上绘制新的眼镜：先画一个粗糙的轮廓，然后再添加细节

21 应用一个非常简单的绘画技巧来增加头发和毛皮的立体感

22

刘海会让角色的脸更俏皮，所以我决定在她的额头上加一些刘海。首先，我们要为刘海画一个轮廓：创建新图层，用硬边圆画笔以中性的色调作画，并在额头上添加一些温暖的阴影。接下来，在头发上涂一些浅色来反射主光源。刘海有一个曲面，所以在头发的底部有透光空间，然后在最弯曲的部分添加高光。最后，添加一些小细节。你可以稍后再回来添加更多的细节，当然现在也应该有一个好看的效果。

23

继续画角色的服装，开始画她的腰带和裤子。我们不会在这一步上花很多时间，因为现在工作的目标是大致构建主要画面。

为裤子和腰带创建新图层。和之前一样，使用局部颜色层和【魔棒】工具来快速选择并创建一个蒙版。在裤子层，用硬边圆画笔画出面料的褶皱。这是皮裤，所以很有光泽，在她的大腿外侧加一个绿色的小圆形高光区，立刻增加了一些立体感。重复这个过程，用一个基本的笔刷来完善绘画。

绘制头发

头发有体积，就像其他任何东西一样，画分开的头发不会达到一个现实的效果。相反，将头发一起扎成发束然后将多个发束组合在一起，形成一个整体的发辫，要将这个部分作为一个实体来绘制，否则就会产生很多不必要的视觉错乱。画头发是一个很有挑战性的过程，所以花点时间把它画好。不要继续添加颜色，直到你已经准确地掌握了立体感。当你开始画颜色时，研究一下古代大师们是如何捕捉头发自然颜色的，他们创造了一些很好的例子。

22 刘海的加入使角色的脸更有趣

23 为角色的裤子和皮带绘制立体感

24

使用一个非常相似的过程来精炼人物的躯干。创建一个新图层，从局部色彩图层中选取一个蒙版。首先画主画面，不需要任何细节和折叠。在新图层上，画出粗糙的花边和金属小孔。

这是一件丝绸紧身胸衣，所以回到躯干层，选择一个硬边圆画笔。不要忘记在选项栏中启用【压力不透明度】选项。画褶皱时，记住人物的姿势是扭曲的，衣服折叠会跟随姿势的变化，因此它们会轻微地旋转。添加一些接缝与暗色调以显示紧身胸衣的结构。

25

继续为紧身胸衣添加细节。花边和一些尖锐的亮点，可以使褶皱的丝绸紧身胸衣取得良好的效果。添加阴影到花边，使其更立体。

之后，回到裤子上，用柔边圆画笔软化褶皱。为了改善皮带，选择硬边圆画笔再次加强肋骨和边缘。增加边缘的对比度，因为它们会反射很多光线。这种对比可以帮助你在不花太多时间的情况下完成整个造型，我们稍后将回到这一部分。

26

现在把注意力转向手套。手通常是所有插图中最复杂的部分，所以我建议你拍一些参考照片，用自己的手模仿这个姿势。一旦你理解了手的结构，绘画的过程就会变得更加清晰。

首先，在一个新图层上绘制主要部分，然后添加细节。她的手不须要表现任何迹象的绿色光源，因为手转离了这个光源。这意味着只需考虑来自下面的温暖光线和来自天空的灰色反射。画她的手只能用硬边圆画笔。当你完成了手套的绘制，关闭工作图层并检查你是否遗漏了任何细节。

24 用柔边圆画笔在紧身胸衣上添加褶皱

25 软化裤子的褶皱，增加胸衣小细节

26 开始为手套和手简单地绘制主要形状，然后添加细节

画一把左轮手枪

27

现在转到勾画左轮手枪的细节部分了。如果你没有太多处理这类复杂的硬面物体的经验，过程可能会很棘手。慢慢来，给自己一些练习来提升技术。

首先，你可以在一个新图层上创建枪的数字草图。你可能需要降低下面图层的不透明度来减少干扰。分析对象，并把它分解成简单的几何形状，如圆柱体和立方体。看一些参考图，研究枪是如何放在手里的，帮助你确定角色手指的角度和位置。我看了经典的史密斯和威森左轮手枪的图片，创建了一把现实的枪，但我稍微改变了它的比例和设计，以适应本场景中的形象。

28

下一步是在 Photoshop 中使用精确的形状重新绘制左轮手枪。从左轮手枪中出现的基本椭圆开始，在工具栏中选择【椭圆】工具(U)，并确保在选项栏的下拉菜单中将其设置为【路径】选项。创建一个椭圆，并按快捷键 Ctrl+T 以任意方式调整椭圆（按回车键或单击选项栏上的【提交变换】选项来完成调整）。一旦获得你满意的比例，按快捷键 Ctrl+Alt 并拖动椭圆复制它。按住 Ctrl 键并右击完成椭圆路径绘制。

当所有的椭圆都就位后，切换到【钢笔】工具，添加连接椭圆的直线。画好连接线后，你可以在路径上使用描边效果。路径将会被你预先选择的笔刷工具描边，所以我建议你先把它改成 9 像素的硬笔刷。单击【路径】，从弹出菜单中选择【描边路径】选项，将出现弹出窗口，确认工具菜单已经选中笔刷后，单击【确定】按钮激活笔刷。使用【橡皮擦】工具清除不需要的区域。

27 新建一个图层，用简单的几何图形粗略地画出左轮手枪的草图

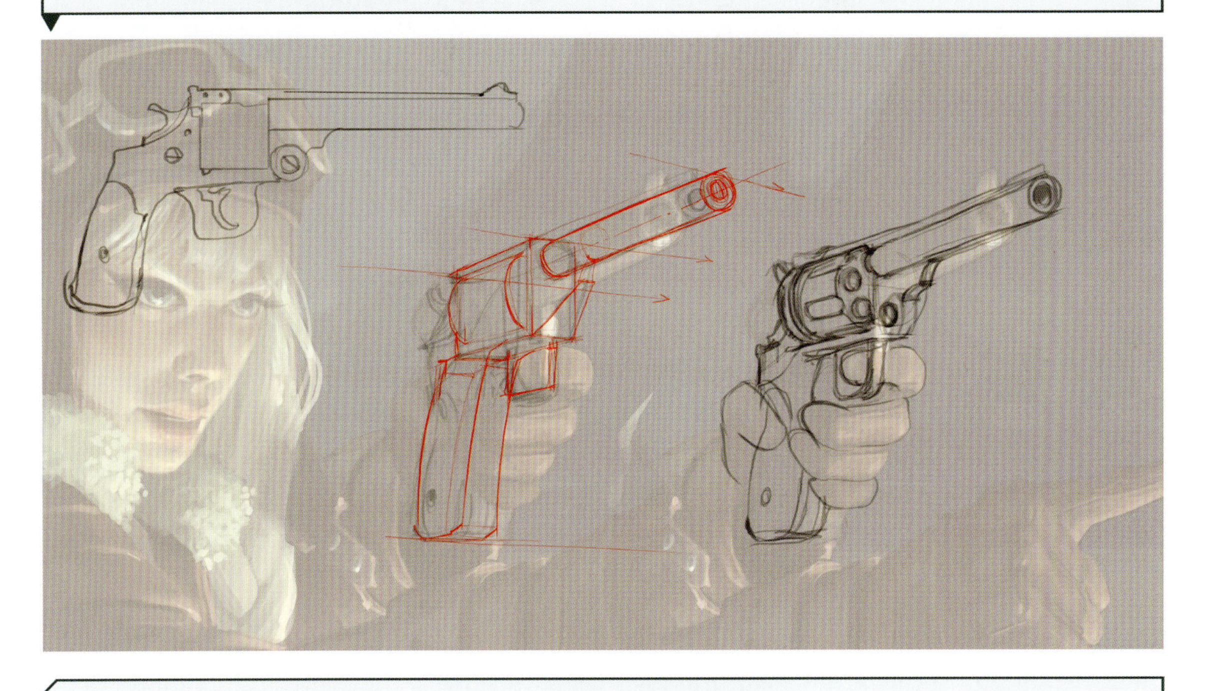

28 使用Photoshop中的预设形状工具，例如【椭圆】工具，用干净的线条重新绘制左轮手枪

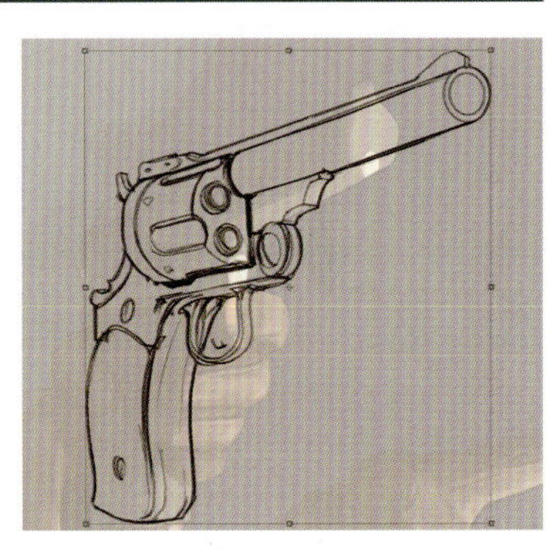

29

现在，线条的工作已基本完成，定稿之前你仍可以继续绘制左轮手枪。选择【魔棒】工具，单击枪以外的区域，按快捷键Ctrl+Shift+I将其反向选择。创建一个新图层，并把它放在【图层】面板的选择层下面。选择【油漆桶】工具，用局部颜色填充枪的轮廓。现在通过添加蒙版来锁定轮廓（单击【图层】面板上的【添加图层蒙版】图标）。现在再次选择【魔棒】工具，你可以选择枪轮廓内的任何区域。记得确认选项栏【魔棒】工具的容差设为最低，且勾选【对所有图层取样】选项。

这些操作的目的是去掉线条，创建一个工作层复制枪的轮廓层蒙版。选择一个笔刷，为左轮手枪的边缘涂色，在面向光源面添加一个尖锐的亮点，在另一边，添加阴影到边缘。

30

现在完成了基本的渲染，你可以继续完善左轮手枪。在圆的凹面上画一个深的阴影，不要害怕阴影太深，因为场景的值将在稍后的过程中进行调整。你也可以通过在左轮手枪的顶部刷上蓝色线条来增加天空的反射。最后，采用深橙色或红色，使用照片作参考，绘制螺丝的高精度细节。在左轮手枪上绘制细节到你满意的水平为止，需特别留意光源和阴影落在哪里。

29 用蒙版锁定左轮手枪的轮廓，开始粗略渲染

30 大致渲染了左轮手枪后，你现在可以添加细节和阴影

完善角色

31

在这一步中，我们将做一些面部细化。让你的眼睛休息一下，稍后再回到某些区域，这总是有帮助的。我发现人物脸上的一些阴影需要合并。要做到这一点，选择一个硬边圆画笔，并用非常小的笔触勾画一些阴影。此外，把眼线画得更深一些，可以增强面部表情。

我也很注意嘴唇：上唇肯定需要更多的光线。通过在上面涂浅色来去除一些阴影。她鼻孔里的阴影看起来过深，可以通过增加浅色的肤色来减少厚重感。

32

这也是检查角色比例的好时机。当你一件一件地画东西时，很容易忽视一些东西。例如，这里我发现右手又大又长。

要纠正这个错误，从工具栏中选择【套索】工具(L)，用它来选择手，切换到【移动】工具，调整选区的比例。如果一个元素是由多个图层组成的，你可以按住 Shift 键在【图层】面板中选择所有相关的图层。现在，【移动】工具能让你为所有的元素同时调整大小。使用【移动】工具时，如果你想用相同的比例缩放对象，按 Shift 键；如果你想拉伸或挤压对象，按住 Ctrl 键并单击变换控件。按比例缩小手，让它更靠近手臂。在这个转换后如果你看到任何接缝，选择【修复画笔】工具(J)，它能神奇地治愈所有小缺陷。

合并图层

在深入之前，花点时间整理你的图层。在图层面板中保持几十个图层打开会降低你的电脑速度，为进程增加太多的混乱，所以最好每隔一段时间合并一些图层。我现在要合并大部分的角色图层，而留下以下两层暂不合并：一个是角色图层，另一个是带有局部颜色的补充图层。在需要时，它们可以选择角色的任何部分。要合并图层，按住Ctrl键并单击所有你想合并的图层，然后按快捷键Ctrl+E或选择【图层】>【合并图层】选项。

31 给面部添加微妙的细节并完善嘴唇

32 当你对身材满意时，检查一下整体比例

绘制汽车

33

现在让我们开始吧。车辆的轮廓已经锁定为一个蒙版，所以现在你可以用一个硬边圆画笔且禁用压力不透明度涂抹局部颜色。一种颜色用于车身，一种用于所有金属细节，一种用于驾驶室的皮革边框，一些块状颜色用于驾驶室细节。这辆车将会是一个红色的蒸汽动力机器，所以我选择了一种暗淡的棕红色作为车身的颜色，这尤其适合温暖的直射光夜景。

34

我们将采用与角色相同的照明过程。首先在一个蒙版图层上添加渐变，覆盖在局部颜色层上；应用蓝色到黄色的渐变色从左到右拉出渐变效果。然后创建两个新图层，一个用于绿灯，一个用于暖光。选择一个柔和的圆形画笔画出光线，要与光线落在角色上的方向相匹配。这将是一个光源草稿，所以不要担心做得不够完美。擦去一些绿灯，在车辆顶部的一些肋板上添加细节。

35

对于车辆的高光，选择一个硬边圆画笔，通过比较它和参考照片来分析车辆的形状，从而计算出最亮的区域。金属的细节是高度反射，所以要在曲线上留下明亮的标记。这有助于使管道看起来更接近于圆柱形，这是一个很好的开始。这个场景是从下面照亮的，所以在所有突出物上添加阴影。

在第二个新图层中，在小屋内添加一个深阴影，因为亚光织物不会产生反射。仍然使用相同的笔刷，在管道之间，以及与车身相接的底座周围涂上深色，创造出真实的阴影。

33 使用硬边圆画笔绘制车辆的局部颜色

34 为主光源建立单独图层，使用渐变叠加为关键的照明类型

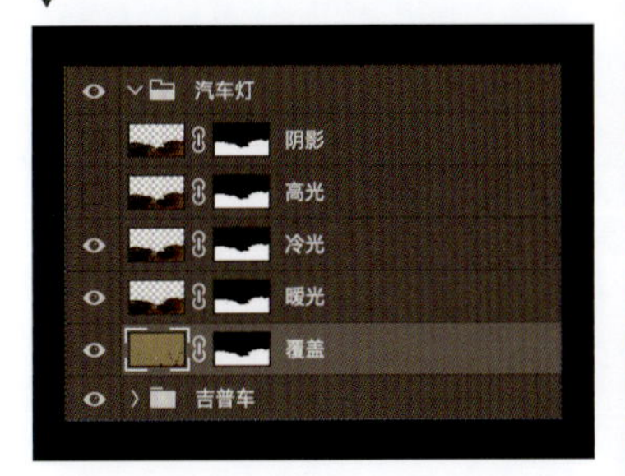

35 用硬边圆画笔在单独图层上添加高光和阴影

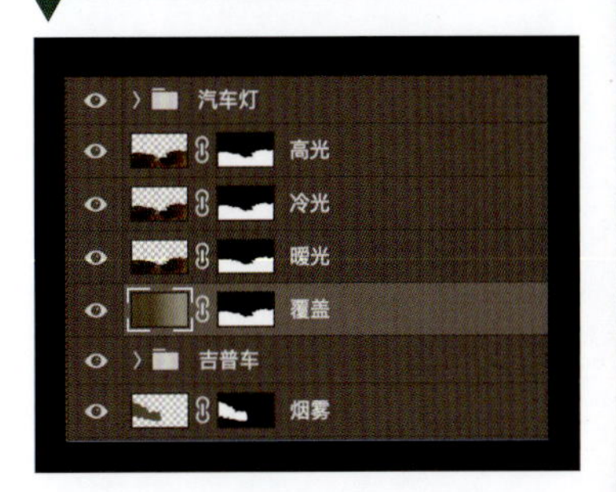

36

现在灯光已经被标记出来，你应当首先从车身开始渲染。把这个车身当作一根管子来帮助你构思出三维空间。在局部颜色层的帮助下，通过图层蒙版锁定物体的图层来选择物体。选择柔边圆画笔，沿着身体的长度画一个宽阔、柔和的高光。将落在车辆上的绿光涂成较暗的棕绿色，使其更柔和。一旦你对整体效果满意，选择硬边圆画笔，在正面较低的位置添加一些明亮的反光。

37

要细化渲染，创建三个新图层：管子，舱房的皮边和金属边从局部颜色图层中。为管道的轮廓和皮革边框创建图层蒙版并锁定。使用柔边圆画笔和硬边圆画笔的组合来绘制模糊的边界和柔和的立体感。对于管道，使用柔边圆画笔绘制主体，使用硬边圆画笔绘制阴影和高光。

使用【多边形套索】工具（L）画出直线帮助绘制金属的边缘。用【多边形套索】工具画出所有的直边，然后切换到工具栏，选择【套索】工具来绘制曲线。选择明亮的颜色作为高光绘制出金属表面的反射效果。

了解照明原理

一个至关重要的数字绘画技能是理解照明原理。光是如何作用的，它产生了什么反射，阴影是如何工作的——这些都是你在创作数字绘画时需要考虑的诸多主题中的一部分。良好的照明将为你的插图增强故事感和氛围。描画大自然是一个非常有用的练习，它可以帮助你理解光在一天中不同时间的变换。你也可以分析自己喜欢的艺术作品，并研究光是如何被艺术家用来创造深度、情绪和氛围的。

36 用硬边圆画笔绘制车辆的主体

37 用柔边圆画笔渲染金属元素，用硬边圆画笔渲染细节

38

有一个简单的技巧，可以用来快速提升你的车辆设计能力。例如在车辆上使用网格状护栏这样的素材，因为它们使得设计更加复杂有趣。在车辆侧面绘制网格状护栏，先创建新图层，用你选择的画笔（见图 38a）绘制一个网格状护栏，然后按快捷键 Ctrl+J 复制该图层。切换到复制层，选择【移动】工具，把元素放在原来的格栅旁边。重复这个过程（见图 38b），直到你满意为止，然后将所有的网格状护栏层合并在一起（Ctrl+E）。为了重新适应场景的照明，在网格状护栏之间画上深深的阴影并绘制一些小高光。

39

为了使车辆看起来更完整，在车身上添加一些微小的接缝、孔洞和螺丝。这是一个快速有效的方法，通过添加细节增加真实性。选择硬边圆画笔，减小其直径创建更细的笔触，并开始绘制小细节。

不要花太多时间在这些细节上，特别是在你没有设置好所有的元素时，因为你可能会在这些螺丝和接缝上失去焦点。简单地绘制这些细节，留出一些空间保持节奏感。

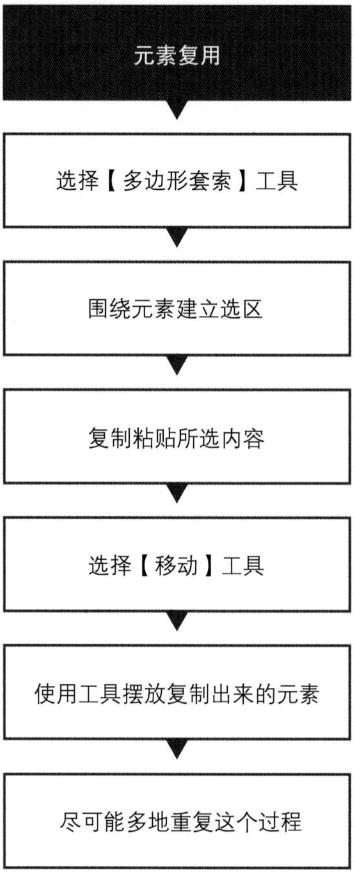

元素复用

↓

选择【多边形套索】工具

↓

围绕元素建立选区

↓

复制粘贴所选内容

↓

选择【移动】工具

↓

使用工具摆放复制出来的元素

↓

尽可能多地重复这个过程

38a 创建一个新图层，绘制格栅

38b 重复使用复制元素，以节省时间

39 添加小细节，如接缝、孔洞和螺丝

绘制座舱

40

座舱仪表板的绘制可能比较复杂，为了确保它们的准确性并节省时间，可以将照片嵌入图中。找一张画面干净的参考图，易于选择刻度盘，并确保刻度盘上有很少或没有反射，否则会使后面的绘画工作复杂化。我用了一张旧飞机的刻度盘照片，因为这很适合本场景的氛围。

将照片复制粘贴到 Photoshop 中，然后使用【魔棒】工具 (W) 单击选择刻度盘，在弹出菜单中右击【选择反向】来选择背景，然后删除选区。如果删除背景后仍然有一些留存，请不要担心，因为你只需要一个粗略的刻度盘模板。

41

要将仪表板刻度盘正确放置在座舱内，请选择【移动】工具 (V) 将其大致放置在恰当的位置。现在使用【自由变换】(Ctrl+T) 来调整边角以匹配仪表板的透视。打开透视网格层的可见性，以帮助你准确地完成这项工作。

在这张图的初始草图上，仪表板上有更多的设备，所以使用【套索】工具选择和复制 (Ctrl+J) 一些仪表板元素，将它们粘贴到一个新图层上，直到你对数量满意为止。现在，使用【移动】工具和 Shift 键来调整元素的大小。当对仪表板的比例满意时，将所有的刻度盘合并到一个图层中。

40 找到一张好照片导入，用作仪表板刻度盘的模板

41 使用自由变换来调整刻度盘以适合场景的透视

42

新的仪表板元素对于这张图片来说太亮了，所以需要调暗。选择【色相/饱和度】选项(Ctrl+U)，使用滑块降低亮度，直到匹配舱室的环境。

现在仪表板看起来很干净，可以开始大致绘制操纵杆了。简单地画上更多的细节，在【图层】面板中创建一个位于所有车辆元素顶部的新图层。这根拉杆上缠绕着丝质丝带，所以首先用深色线条来界定丝带的边缘。然后画一个垂直向下的操纵杆，保持一些暗的对角线阴影能完整地显示织物的层次感。不要在这里花太多时间，因为目标是为这个元素绘制一个坚实的轮廓并显示立体感。

43

回到车辆的身体部分，在车辆顶部绘制拱肋。使用与格栅相同的方法：利用【多边形套索】工具，选择一个形状，使之成为第一根拱肋。用两种颜色绘制选区——暗部为深棕色，拱肋顶部边缘为绿棕色。复制和粘贴选择，直到你有8或9个重复的拱肋。

用【移动】工具(V)将这些元素排成交错的一行，确保你考虑到它们在透视中的尺寸大小和车辆的曲线形状。最后，选择一个3像素大小的硬边椭圆画笔，在每根拱肋的棕色和绿色边之间添加一条颜色非常浅的直线。现在拱肋看起来有了立体感，不需要你做太多的努力。完成后，将拱肋层合并到一个图层中。

42 快速绘制操纵杆并调节仪表板元素的亮度

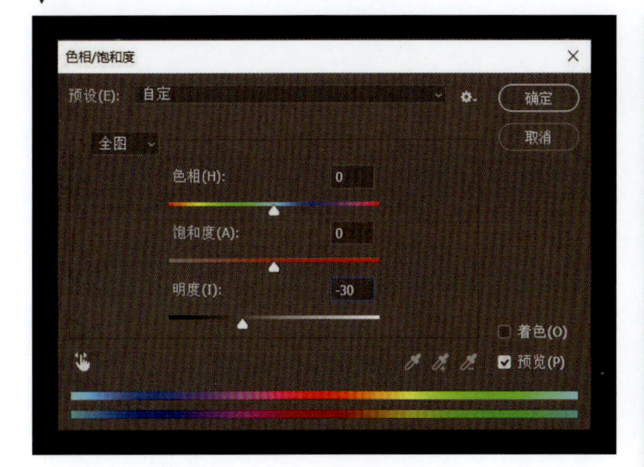

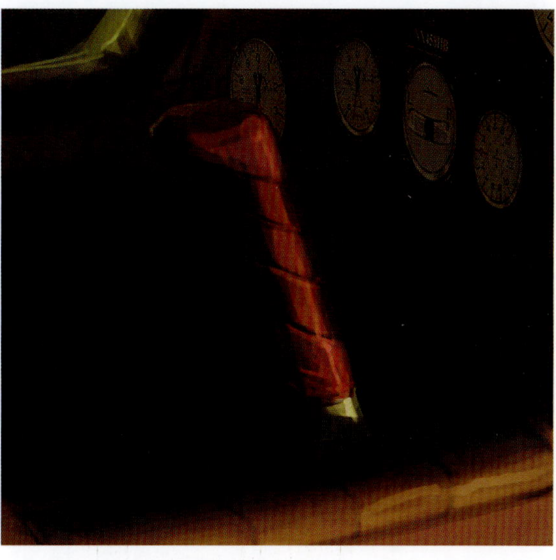

43 通过复制，在车辆顶部添加一些水平拱肋

44

虽然座舱应是相当阴暗的，但它并非全无光线。返回座舱图层，为仪表板增加一些光线。覆盖在表盘上的玻璃材质具有很强的反射性，所以即使光线没有直接照射到表盘上，它也会反射来自左边的绿光。在一个新的图层上，为仪表板的每个螺丝和框架画一点高光。用硬边圆画笔在玻璃上画一些绿色来表示反射。

由于已经复制和粘贴了仪表板的一部分，因此需要绘制一些元素来增添更多的变化。把调整当作一种模式，用硬边圆画笔在两个刻度盘上画出微小、类似的细节。

45

驾驶员座椅和座舱内表面仍然需要绘制。我使用了一个老式的机舱作为内部设计的灵感来源，我决定在车内添加木板。同样，使用局部颜色层和【套索】工具来选中车辆内部的黑暗空间，并用蒙版将其锁定。绘制木面板和阴影时，使用方形的画笔会很有用。花几分钟就好，因为你只需要为这个黑暗地带绘制一些细节。

你可以对驾驶座做同样的事情。选择座位的轮廓蒙版，然后绘制接缝表明结构。再次使用柔边圆画笔，使座位最远的部分稍微亮一些，因为较近的一侧会处于阴影中。如果需要，从第 05 步再次切换出透视网格层的可见性，以指导绘画的透视方向。

44 向仪表板元素引入光线和变化

45 画出座椅的纹理和汽车的一些内部结构来填补空白

46

作为对车辆座舱渲染的最后一步，我将添加一些额外的操纵杆。从轮廓开始，找一张好的参考图作为指南。选择硬边椭圆画笔来绘制操纵杆的基本轮廓和一些额外的仪表板附件。草图轮廓准备好后，锁定它作为蒙版并开始绘画。使用车辆其他元素的颜色和光线作为参考，按住Alt键选择颜色，或者用【吸管】工具(I)选择一个粗略的颜色，然后在边缘添加一些高光。最后，模仿成品表盘的外观添加一对螺丝钉到新元件中。

47

图中的车辆有一个玻璃挡板用来保护驾驶员。玻璃可能很难画，但你可以尝试一些有用的技巧。首先，用硬边圆画笔在曲面玻璃表面画出金属元素和蓝天的倒影。请注意，只有带角度的玻璃有可见的反射。观众可以直接透过玻璃的其余部分观看，最密集的反射是在玻璃的轮廓附近。使用【橡皮擦】工具和图层的不透明度设置，获得与玻璃非常相似的效果。

现在创建两个图层蒙版：一个用于曲面玻璃表面，另一个用于玻璃的切割边缘。像第09步那样使用【钢笔】工具来修复一些选区标记，你可以借助这些标记得到一个平滑的轮廓。

现在注意玻璃的切割边缘。边缘面对绿色光源，所以它会强烈地反射光线。用透明的绿色填充整个选区，然后在最靠近光源的区域添加一点小高光。最后，关闭工作层。

画玻璃

因为玻璃或多或少是透明的，所以它可能很棘手。你真正要画的是反射和表面上的污垢。一个快速的方法是复制和粘贴与玻璃相对的绘画部分。然后翻转它，把它移到玻璃上，切出形状。然后你需要创建一个调整层，将其设置为变亮。这将模拟光的反射，同时消除黑暗的部分。注意，这并不总是有效，因为它不仅取决于玻璃的角度，还取决于玻璃在场景中的价值。最后，在表面涂上一些不透明的污垢。这些将帮助观众了解玻璃在场景中的位置和它的坚固性。

46 添加更多的座舱细节，如操纵杆

47 在玻璃上分两个阶段上色，以处理曲面和切割边缘之间的差异

添加烟雾

48

在处理背景之前，添加从车辆中排出的烟雾效果。找一张有烟雾的照片，或自己拍照。应该是烟雾和背景对比度大的图片，这样易于从图中抠出烟雾形状。复制并粘贴照片到你的画布上，然后从【图层】面板解锁（将锁定图标拖到【图层】面板底部的垃圾桶中），以产生一个透明的背景。选择【选择】>【色彩范围】选项，在弹出窗口中选择【取样颜色】选项并设置【颜色容差】为40，得到最可靠的颜色。预览中的白色区域表示所选区域，单击【确定】按钮然后删除选定的区域，现在你就有了一个透明的背景烟雾。

49

场景中的烟雾需要显示灯光的颜色，可以使用剪切蒙版来改变颜色。在烟雾层上方新建一层，使用【油漆桶】工具填充颜色。我选择了一个灰绿色的底色，因为它可以被提炼，使下一步更自然。现在，确保填充层被选中，并按快捷键Ctrl+Alt+G创建剪贴蒙版，这样颜色就只应用于图层上的烟雾。这是快速改变流体元素颜色的好方法。

50

最后，我们将调整烟雾的透明度，并添加一些高光。烟雾也是有体积的，虽然它相当透明。这意味着它在面对光源的表面应该有一些高光。在现有的烟雾层上创建一个新的剪切蒙版，并将【混合模式】设置为【颜色减淡】。然后，用硬边圆画笔添加一些浅灰色的高光。当你处理烟雾或雾状元素时，高光应该非常微妙。接下来，转到原始烟雾层蒙版，再次选择柔边圆画笔，开始绘制烟雾的不透明度。请记住，在蒙版中，黑色起着橡皮擦的作用，而白色则把图像留下。最后，合并烟雾层。

48 添加一张烟雾的照片，使用【色彩范围】来除掉背景

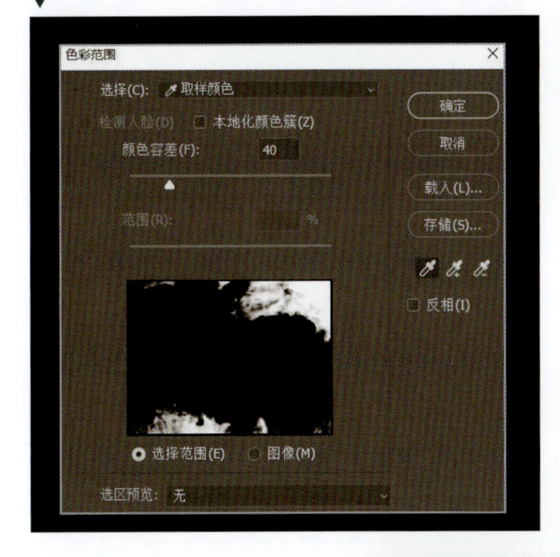

49 使用剪切蒙版来改变烟雾的颜色

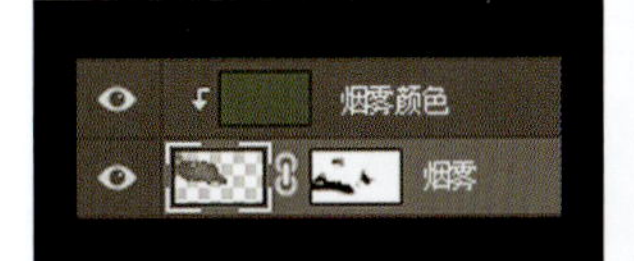

50 调整烟雾的透明度，并添加微妙的高光

51

有了角色和车辆这些关键元素，我们可以开始处理背景了。首先，暂时关闭烟雾层的可见性，选择一个方形画笔，粗略地画出地面、山脉和紧挨车辆局部的前景区域的岩层。

离车辆最近的那座山将会有一些绿光，在山上留些温暖的、绿色的笔触来显示这一点。另外，在地平线附近的地面上添加一些来自天空的暗淡的蓝绿色光。

52

再次打开烟雾层的可见性，将烟雾显示出来，并检查它在背景中与新岩石的融合情况。我喜欢这个结果，但是感觉需要更多的浅色背景。

同样地，选择一个硬边方形画笔，在天空中加入更多的浅蓝色调。中间位置的倒影也会很有趣，用明亮的蓝色勾勒出河流或湖泊的形状。最后，选择【套索】工具，在远处的山中画一些松散的形状，用一种微妙的浅色填充。这给山赋予了深度，把抽象的形状变成了景观。

53

现在山有了一个黑暗的基调，可以再填充一些有趣的东西，如在远处的山附近画一个小城市。找一张夜晚城市灯光且深色的明暗值之间有良好的对比的照片。因为在画中这个城市是在远处，所以照片也应该是在远处展示一个城市。

复制并粘贴照片到你的场景中，设置【混合模式】为【变亮】。使用【移动】工具将照片定位在远山的山脚，现在选择一个柔边圆画笔，用它当橡皮擦擦掉任何你不需要的光。

你的视觉库

花点时间扩展你的视觉资料库，为你的项目找到最好的参考资料。为了丰富自己的设计理念，你可以在任何地方找到灵感，例如通过旅行、阅读文献、看纪录片或者观察自然，研究不同的材料，甚至也可以看看时装设计。这里的核心规则是不要把你的灵感局限于你工作的行业或类型。如果你是一个概念艺术家，不要选择其他的概念艺术作品作为参考，因为你最终会重复作品中已有的想法。如果视觉库足够大，你会发现你花更少的时间就能为你的设计寻找到最佳解决方案。

51 用一个方形画笔来遮挡背景的形状

52 背景中光的形状赋予了山脉和中景的深度

53 使用城市灯光照片，用【变亮】混合模式增加一个小的背景细节

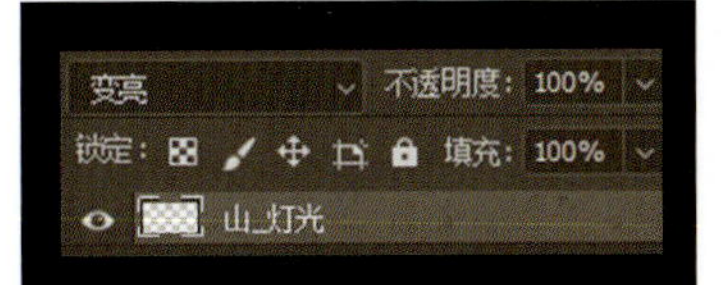

54

现在环境已经有了改善，需要一些额外的工作来将角色融入场景中。在这种情况下，人物的色彩和光线需要加以改善。减少帽子上的高光，改变帽子的颜色，在原来的高光上涂抹绿色。为此，在主图层上创建两个剪切蒙版。对于第一个剪切蒙版，设置【混合模式】为【颜色】，选择硬边圆画笔，颜色从她的夹克中选择绿色，用微妙的笔触越过她帽子上的蓝色区域绘画。

使用第二个剪切蒙版，在人物的袖子上绘制一些蓝色的反射来整合背景中湖的颜色。通过快速地在已经存在的东西上绘制来做到这一点，将最亮的区域涂上棕色。

55

让角色成功融入环境之中后，我回到背景中开始描绘海岸线。画海岸线的一个简单方法是添加一些岩石。用硬边方形画笔绘制岩体，可以尝试使用场景中已有的形状，如山的形状，以保持统一的图像风格。在地面也涂上红色，这将把底色和红色的前景元素联系起来。

54 回到图中，给衣服添加一些倒影

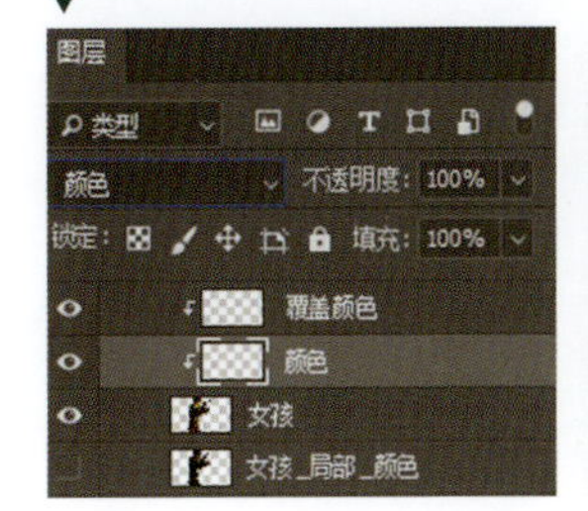

55 在海岸线上添加岩石，用重复的形状创造风格

绘制背景

56

背景可以通过添加纹理来改善，比如在海岸线上添加沙子。使用硬边椭圆纹理刷，完美地绘制颗粒表面。沙土区域用一些宽的笔画，先画深一点，再加一点亮。改变画笔的大小，以获得不同的效果。

在岩石顶部画一些反射光也可以增加细节，在边缘添加小的、尖锐的高光。当然要保持这些高光非常微妙，以避免背景喧宾夺主。

57

地平线上的山脉还需要进一步修改。首先，用【套索】工具在山的一侧画一些自定义的抽象形状来表示更多的细节。用照片作为灵感来源，山从左边被照亮，所以形状将是狭窄和尖锐的。然后，你需要通过打破山顶的直线来修饰山的轮廓，并给形状增加一些变化。用一个方形画笔来做这件事，用蓝色画出天空。

58

为了使山脉看起来更加真实，我们将让它们另一侧的光变得平滑。选择【滤镜】>【模糊】>【高斯模糊】选项，在弹出窗口中滑动半径滑块，直到看到一个你喜欢的模糊结果，完成后单击【确定】按钮，区域的光源会变得更平滑。

现在山脉已经完善，我想在地平线上增加更多的灯光。额外的光线可以显出地平线。用一个正方形画笔，从现有的灯光中挑选颜色，画一些小的笔触。如有需要，可用圆形橡皮擦将笔触软化。

56 使用硬边椭圆纹理画笔在沙子表面绘制纹理

57 使用【套索】工具和一个方形画笔来打磨和细化山脉

58 使用【高斯模糊】滤镜软化山脉的细节形状，并在地平线上添加额外的光线

绘制湖泊

59

现在山看起来不错，湖泊的质量需要改进。一个简单的方法是通过复制和调整你已经完成的工作，在水中创建山脉的倒影。使用【多边形套索】工具选择天空和山区，然后按快捷键 Ctrl+Shift+C 复制选区。新建一个图层，按快捷键 Ctrl+Shift+V 将选区粘贴到相同的位置。然后，选中新图层，单击【编辑】>【变换】>【垂直翻转】菜单，用镜像山作为其在水里的反射。如果你对翻转山的位置不是很满意，可以借助【移动】工具移动它。

为了使翻转的山看起来更像一个水面的反射，你需要添加一些涟漪。单击【滤镜】>【模糊】>【动感模糊】菜单选项，在弹出窗口中将【角度】设置为 -90°，【距离】设置为 61°，单击【确定】按钮来应用模糊效果。现在你拥有一个很棒的反射模板。

60

湖面的倒影看起来很好，但是它覆盖了之前形成的海岸线。要把海岸线还原，你可以给反射层添加一个蒙版。选择反射层，从【图层】面板中选择【添加图层蒙版】，然后使用【油漆桶】工具将蒙版填充为黑色。选择一个正方形画笔，然后返回到颜色选择器选择白色。在图层蒙版上用白色画出倒影。

试着找出这个湖的最佳形状。我决定让这张图片又窄又长，这样图像会强大的水平模式。在这个过程中使用蒙版非常必要，这使你可以稍后再回到这个步骤，修改或添加任何重要的内容。

59 使用【垂直翻转】选项和【动感模糊】滤镜创建山在水中的反射

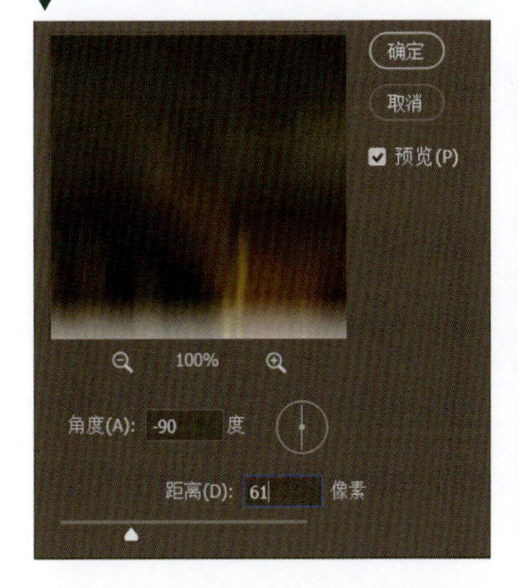

60 图层蒙版可以用来帮助找到最佳的反射形状

绘制车辆

61

现在很明显，这辆车缺少一些蓝色反射。使用与第 60 步相同的过程来添加新的反射。车辆某些部分的色彩太温暖，需要使用蓝色来中和。

要做到这一点，创建一个新图层，设置颜色混合模式，如座舱和车体顶部皮革装饰用硬边圆画笔修改。调整图层的不透明度，使变化显得微妙和自然。现在再创建一个图层，用硬边圆画笔最后添加一些笔触。

我修改的另一个地方是排放烟雾的排气管。返回到它的图层，用【套索】工具选取排气管，右击并选择【变换选区】，按住 Shift 键拖动标记来缩小管道，完成后在选项栏中选择【提交变换】选项。稍微再勾画一下，让边缘看起来更优雅。

62

为了给汽车增加一些最后的修饰，你可以给它添加一个名称或徽标。新建一个图层，从工具栏中选择【横排文字】工具 (T)。输入要添加的名称，用光标高亮显示它，并从选项栏中选择字体。我选择了一种名为 Colonna MT 的字体，因为它看起来复古而优雅。你还可以更改选项栏中的字体大小，使其适合车辆的大小。当对文本满意时，单击选项栏上的对钩标记即可。

不要显示整个名称，因为这会看起来很尴尬，所以使用【移动】工具将它的一部分置于角色身后。在【图层】面板中拖动文本图层使其位于角色层之下，文本部分隐藏在后面。你可以使用【移动】工具以与任何其他对象相同的方式转换文本、调整比例直到名称与透视匹配。

当你确定你选择的名称和它在车辆上的外观时，右击文本层并选择【栅格化文字】选项。现在你的文字层被转换成一个普通图层，它可以用任何方式修改。在这个图层上创建一个剪切蒙版，用一个纹理化的画笔添加一些线条来暗示一些标志设计元素。绘制光和阴影，以显示它是车表面的一部分。最后，抹去部分文字，以模仿磨损的油漆。把文本放在场景的焦点附近时，文本区域会吸引观众的眼睛，所以要少用这种技术。

63

需要对车辆的光影进行最后的润色。在车前部添加一些阴影，使车身左上角的灯光更加明显。为此，在车辆层上创建两个剪切蒙版，一个用于混合模式，另一个用于颜色减淡模式。选择一个阴影图层，用柔边圆画笔在车辆的鼻子上画一笔。调整不透明度以获得自然的感觉，但不要让阴影变得太暗，因为这个区域和背景之间应该有一个微妙的对比。接下来进入颜色减淡图层，用同样的画笔选择浅灰色，并在绿色灯光照射的区域内添加一些高光。

61 使用颜色混合模式调整车辆颜色

62 使用【横排文字】工具为车辆添加徽标或名称

T 横排文字工具 T
↓T 直排文字工具 T

63 加强车辆的明暗部分，使场景的对比更加微妙

增加前景

64

现在，我们将利用摄影技术使前景中的山看起来更真实。首先，找一个参考照片或采用自己拍的山或悬崖的照片。确保照片的透视与场景的透视相匹配，并具有相似的照明方案。将照片复制粘贴到画布上，用【橡皮擦】工具或【套索】工具选择剪切照片的某些区域，可以删除这些区域以匹配你已经画好的轮廓。

65

在这一步中，我们将快速调整石头的颜色来适应场景。选择照片层，选择【图像】>【调整】>【匹配颜色】选项。在弹出窗口中选择当前文件作为源，单击【确定】按钮之前选择【合并图层】选项。匹配颜色调整将更改当前对象的颜色以匹配源，当你需要把一张照片合并到你的场景中，或者使用不同的颜色设置时，这是一个非常有用的工具。

透视图

当添加照片到一个场景中时，视角和真实性是非常重要的，图像要符合你预先定义的视角。在画中插入一张视角错误的照片在视觉上是非常不和谐的，会立即吸引观众的注意力。添加的照片可以使用变换选项修正，以满足场景的透视视角，但这通常需要很长时间才能达到相同的精度水平，简单的方法是选择一张透视与场景相符的照片。

64 在前景中使用岩层照片

65 使用【匹配颜色】调整图层以整合照片色彩

66

我认为这块岩石需要翻转一下。你可能会注意到，岩石的左边颜色比右边稍微暖和一些，由于在这个场景中有来自右下角的温暖光线，可以利用已经存在的光线作为参考来翻转图片。要做到这一点，选择【编辑】>【变换】>【水平翻转】选项。同时删除照片中任何不必要的部分。

创建三个新的裁剪蒙版，分别用于暖光、绿光和阴影。用一个正方形画笔在相关的图层上画一盏灯，开启压力不透明度。将光线切割成简单的棱镜形状，增加岩石两侧的光线区域。在阴影层，添加阴影到裂缝，看看它们如何增大岩石的整体体积。我还决定为车辆后面的地面增加更多的光线，选择一个硬边椭圆纹理画笔，在这里添加一些金黄色的小水平线。

67

岩石表面还需要用方刷进行一些抛光处理。注意发光区域，因为它有最高的对比度，涂抹表面使其显得更像绘画，添加一些温暖的深橙色笔触来丰富色彩。现在，编辑烟雾层，因为它看起来太稠密了。将烟雾蒙版图层的不透明度降低一点，使用【移动】工具将烟雾拖近车辆的排气管，让这个区域看起来不那么空旷。

寻找灵感

通过广泛的阅读和观察你周围的世界来寻找灵感。依靠谷歌图像和其他你欣赏的数字艺术家的作品来获得灵感可能会让你产生惰性，我们将会为做了容易的选择而感到内疚。看旧书和百科全书可以让你接触到一些图片，有时候你能找到一些新的想法，只要你愿意花时间去寻找它们。

66 调整岩石的位置，用光和影遮蔽它

67 调整烟雾，在岩石表面涂上一些额外的暖色

完善细节

68

场景已经非常丰富，现在的工作是继续打磨细节，以便做出一个高质量的作品。作为细节调整的一部分，我想编辑角色的头发。她的辫子太直太死板，看起来不自然，所以需要把它弄弯。单击图层，用【套索】工具选择辫子，选择【编辑】>【变换】>【扭曲】选项。【扭曲】工具允许你使用移动标记在不同的地方弯曲对象。使用标记弯曲辫子，直到达到一个自然的曲线，在选项栏勾选图标提交转换。

69

此时已到流程的末尾，是时候进行场景值检查了。进入【图层】面板，单击底部的【创建新的填充或调整图层】图标，从菜单中选择一个黑白图层。把图像变成黑白是检查场景值的最好方法之一。现在你可以看清背景中的元素是否太暗，或者前景是否缺少对比度。与车辆相比，这个场景的背景过于黑暗与致密，以致对比度过大。关闭黑白图层的可见性，再次看到全彩的图像。

70

检查图像的值并确定需要更改的内容之后，就可以开始纠正这些问题了。在此场景中，背景的对比度需要降低，前景中可以添加到一些深的阴影。随时启用黑白调整图层，以便在调整后检查值。

单击【创建新的填充或调整图层】图标创建一个新的【色相/饱和度】调整图层，并将该图层置于【图层】面板的背景图层之上。在图层【属性】面板中，将该图层的【亮度】参数设置为+2，以略微降低数值。使用【属性】面板中的参数进行调整，直到背景中最暗的区域停止与前景的竞争。

接下来，拿起柔边圆画笔，在人物的手上涂一层淡淡的蓝色，这似乎有点太刺眼了。将此雾度设为单独的一层，使你可以随时修复它。

68 【扭曲】工具可以在场景中为现有元素添加曲线和弯曲，是很有用的工具

69 黑白图层使你能够进行值检查

70 【色调/饱和度】是一个修复调整图层的好工具

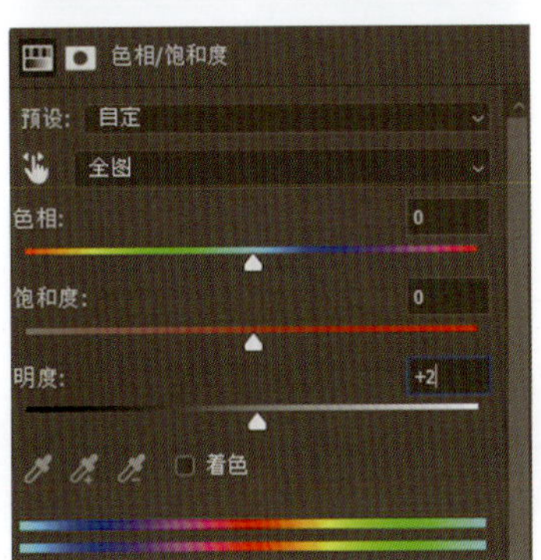

71

人物是作品的中心，她需要更复杂的细节。添加一些装饰细节，如刺绣、铆钉、松散的头发、织物接缝。按照常规，首先画新细节的轮廓，然后应用光和阴影。使用硬边圆画笔绘制细节，并改变画笔的直径，以获得不同的效果。

一旦你为细节设置了适当的形状，添加一些更亮的颜色作为高光来暗示体积。选择一个非常薄的椭圆形画笔来画松散的毛发，颜色从编织物中挑选，用一些尖锐的线条绘制分开的毛发。

72

可以用同样的逻辑为车辆添加细节。绘制车体上的痕迹表明有瑕疵和水渍，这将有助于使车辆的外观更可信。要做到这一点，创建一个【正片叠底】的图层，选择硬边圆画笔和小笔头，然后选择一个深的红棕色来画出瑕疵。找合适的参考资料，分析液体泄漏的地方，这样你就可以在画中准确地模仿它们。在主要的接缝周围绘制，这样液体就会顺着缝隙流下来。画痕迹时，创建另一个新层使用正常的混合模式，并用粗糙的笔触进行绘制。

改进之道

除了反复练习，在你的舒适区之外工作也是一个提高技艺的好方法。找出你想要改进的地方，然后想一个替代的学习方法。例如，如果你很难画出人体结构，试着用黏土塑造一个人物。这是一种更有触感的方法，也是了解不同艺术形式的好途径。不要认为这是一项艰苦的工作，相反，为了成为一名成功的艺术家，你应该把它看作是另一种宝贵的学习经验。

71 最后添加一些小细节，为角色创建完整的外观

72 液体泄漏和风化的细节使车辆外观更加自然可信

最后的调整

73

重要的是要确保整个场景是统一的，所以要给车辆和人物添加一些柔和的高光。在【图层】面板的顶部创建一个新图层，并将【混合模式】设置为【颜色减淡】，选择柔边圆画笔和温暖的浅橙色。用这个笔刷，在前景元素上画出高光，精确地关注焦点，特别是人物的脸、眼镜和车辆上的金属部分。你的目标是添加一些柔和的细节，但是如果创建了过多的对比度，可以简单地通过调整顶部图层的不透明度来纠正它。

74

在画上添加有趣的纹理可以帮助你获得独特的外观。可以从库存的图片上找一个不完美的磨损纹理，或者自己制作一张墙壁的照片。避免使用有很多颜色或极端对比的纹理，因为这可能会扰乱现有的场景。

复制并粘贴纹理到你的场景中，将纹理层置于【图层】面板中所有其他纹理层之上。在这里可以使用浅色混合模式，但是测试不同的模式如何影响纹理是值得的，因为你可能会发现一些令人惊讶的效果。设置图层的不透明度为10%左右，这足以在背景中提供一些令人愉快的纹理细节。现在的形象有古董的感觉，车辆和人物的服装都是不错的复古风格。如果有任何地方需要清洁，你可以在纹理层上使用蒙版，把多余的纹理涂掉。

从反馈中受益

当你进入绘画过程的后期，你可能希望通过展示作品，从别人那里获得反馈。无论是在工作室还是在你的个人项目中，反馈都是非常重要的一部分。当然，过多的批评弊大于利。有时反馈对你的成功至关重要，有一些简单的规则可以确保你从反馈中受益。首先，不要听未经请求的反馈；相反，倾听你信任的人的反馈，他们能给你合理和公正的建议。不要错过向你尊敬的人寻求反馈的机会；如果你欣赏他们的作品，他们的建议很可能会与你产生共鸣。知识渊博的优秀导师会给你高质量的反馈或者指导。最重要的是，不要把反馈看得太个人化；这不是对你的批评，而是为了让你的艺术作品变得更好。

73 可以用画笔和颜色减淡调整图层，以获得一些柔和的光线

74 给图像添加纹理将产生有趣的效果

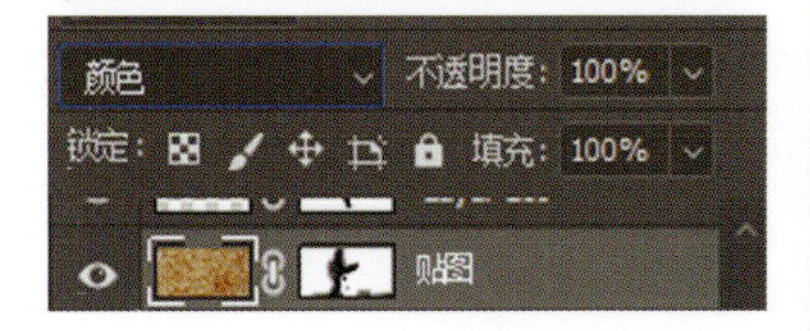

75

在流程的最后一步，只剩下几个调整。首先，裁剪图像使方向水平。从工具栏中选择【裁剪】工具(C)，它将选择整个图像。将标记移动到选区边缘，选择要保留的区域按下回车键或单击【提交当前裁剪操作】检查图标，选择范围外的区域将被裁剪。这有助于增强前景中插图的重心。

接下来，用杂色滤镜为场景添加一些额外的纹理。在【图层】面板中创建一个新图层，并使用【油漆桶】工具用浅灰色填充它。选择【滤镜】>【杂色】>【添加杂色】选项，在弹出的窗口(见图75a)中，将【数量】设置为10%或以下。勾选【单色】选项并单击【确定】按钮。设置图层的混合模式为【叠加】，调整【不透明度】为30%或更少(见图75b)。现在你可以看到，插图看起来有更强烈的复古感。

最后，在图像的顶部添加一个微妙的晕影效果，以暗示背景在远处逐渐消失。创建一个色相/饱和度层，降低亮度参数。用柔边圆画笔，选择黑色清洁蒙版的中心。你的目标是得到一个黑暗的、渐变的顶部边缘(见图75c)。

绘画过程现在已经完成，在这个项目中，你已经学会了把传统素描和照片融入绘画数字插图中的基本技能。这些技巧将帮助你在艺术作品创作中获得高水平的细节和准确性，同时成功地让你在离开办公桌时也能灵活使用仿真画笔进行草图手绘。

网络

我们很幸运地生活在一个全球化的世界里，利用互联网来推广你的画非常有用。你永远不知道在何时何地可能会找到你的下一个客户，或有人可以给出一些帮助你的建议或见解。建立人际网络的一个好方法是在网上清晰地展示你的作品，与其他艺术家聊天，问问题，参与挑战。把你最好的作品放在你的网上作品集里，随时更新，只要把你的电子邮箱放在你的作品上或靠近你的作品的地方，客户就能很容易找到你。

75a 使用杂色滤镜

75b 设置图层的混合模式为【叠加】，调整不透明度

75c 创建一个色调/饱和度层

过程总结

NIGHT W

Final artwork © Daria Rashev

Cyber elf © Daria Rashev

Exiles © Daria Rashev

Dame © Daria Rashev

Character concept © Daria Rashev

Point Nemo © Daria Rashev

Elder Moose © Daria Rashev

附录

基本功能

创建一个新的画布

在顶部栏中，选择【文件】>【新建】选项，【新建】位于下拉菜单的最顶端，或者简单地按下快捷键Ctrl+N，即可在弹出窗口中设置画布。

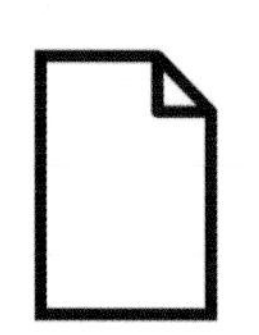

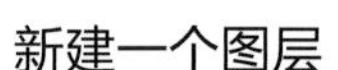

新建一个图层

在顶部栏中选择【图层】>【新建】选项，将出现创建一个新图层的选项，可以在现有图层上创建，也可以新建背景图层。要在现有图层之上创建一个简单的新图层，请选择第一个菜单选项【图层】，或者按快捷键Shift+Ctrl+N。将出现一个弹出窗口，你可以在其中命名层、选择模式和不透明度级别。你也可以在【图层】面板中对图层进行颜色编码，这样更方便识别。当你完成后单击【确定】按钮，新的图层就会出现在【图层】面板中。

在Photoshop中打开扫描或图像

打开扫描或图像的方法是：在顶部栏中选择【文件】>【打开】选项或按快捷键Ctrl+O。在弹出窗口里选择你想要使用的文件。如果是在Photoshop兼容的文件中，图像将在Photoshop中打开。该文件将作为一个锁定的背景图层打开，你可以通过拖动该层上的锁图标到【图层】面板底部的垃圾桶图标，或者单击【图层】面板顶部的【锁定全部】来解锁。

改变画布的大小

单击顶部栏中的【图像】>【图像大小】选项，工作区的中心将出现一个弹出窗口。这个窗口在左侧显示画布的预览，在右侧显示更改图像大小的所有设置选项。

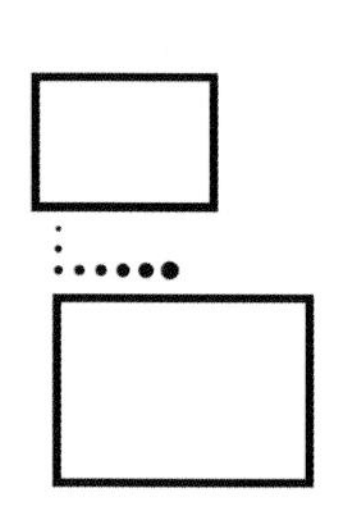

旋转画布

要旋转画布，请转到顶部栏并选择【图像】>【图像旋转】选项。将出现一个新菜单，让你选择预定义的旋转选项，如180°、90°顺时针和90°逆时针，你还可以手动旋转画布。通过单击任意一个弹出窗口，可以输入你希望画布旋转的精确角度。

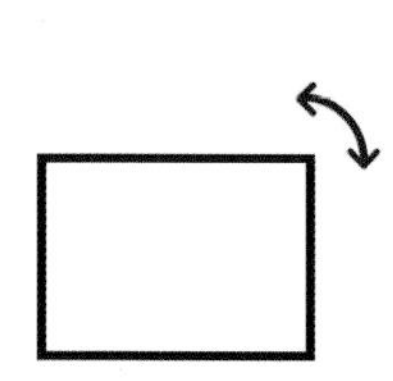

翻转画布

在翻转画布时有两种选择：水平和垂直。这些选项可以在【图像】>【图像旋转】中找到。选择【水平翻转画布】选项将立即反转图像，就像它可能出现在镜子中的一样，而用【垂直翻转画布】翻转图像时，就像它出现在水面反射中的一样。

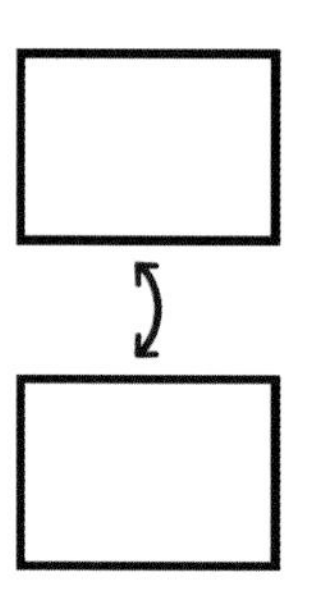

裁剪图像

【裁剪】工具可以在工具栏上找到，或者按快捷键 C。这个工具可以用来加大或减小你的画布以及修剪掉任何不想要的区域。当你选择工具时，带有标记的网格将出现在画布上，可以使用标记将网格拖进或拖出以更改选择区域。当你单击选项栏上的对钩图标时，网格内的区域将保持不变，而网格外的区域将被裁剪掉。

添加和删除参考线和网格

网格选项可以在视图的顶部栏中找到，选择【视图】>【显示】>【网格】选项，即可在画布上创建出网格。要删除网格，只需再次选择【网格】选项，该选项将被取消选中。要添加一个新的参考线选择【视图】>【新建参考线】选项，将出现一个弹出窗口，询问你是否希望为参考线设置方向，当你单击【确定】按钮，明亮的蓝色参考线将出现在画布的边缘。要删除参考线，请选择【视图】>【清除参考线】选项以取消选择。

放大和缩小

你可以在顶部的视图栏中找到缩放选项，也可以通过按住 Ctr 键和 + 键来手动缩放，按住 Ctrl 键和 − 键来缩小。在【视图】菜单中，还可以找到预设选项，以 200% 或 50% 的常规设置放大或缩小画布。

更改画布视图

如果对查看画布的方式不满意，请转到顶部栏并单击【视图】选项。出现的菜单为你提供了大量的选项来更改画布在屏幕上的显示方式和缩放选项。可以选择【打印尺寸】显示它将要打印的画布的大小，或【按屏幕大小缩放】查看画布。

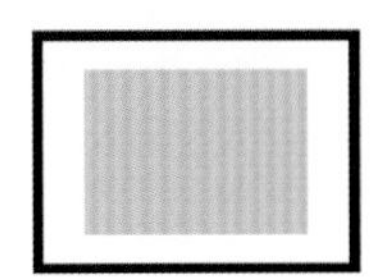

更改屏幕模式

如果你想改变屏幕模式，选择【视图】>【屏幕模式】选项；在工具栏上，图标看起来像两个重叠的屏幕，在右下角有一个小箭头，你可以单击它来打开更多的选项。可用的选项有【标准屏幕模式】【带有菜单栏的全屏模式】和【全屏模式】。Photoshop 会默认使用【标准屏幕模式】。【全屏模式】混合了工具栏和屏幕上的每个调色板和菜单，帮助你查看图像而不分心。【带有菜单栏的全屏模式】与【全屏模式】非常相似，仅可额外看见菜单栏。

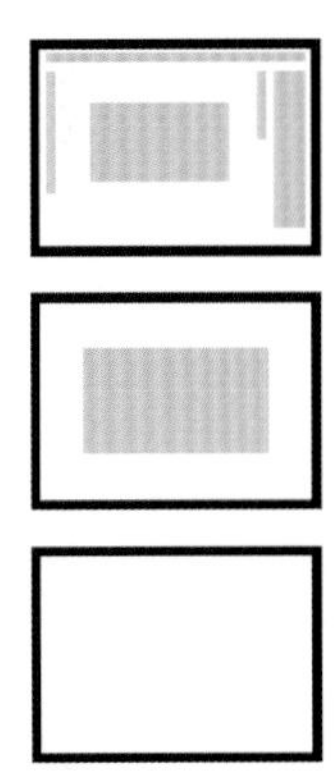

改变窗户布局

在顶部栏选择【窗口】>【排列】选项，打开一个可以用来重新排列视图的选项菜单。如果你使用许多不同的参考文献，或者你必须匹配某种颜色或样式，这会很有帮助。菜单的功能不言而喻，你可以多调整它们以找到最适合需求的排列。

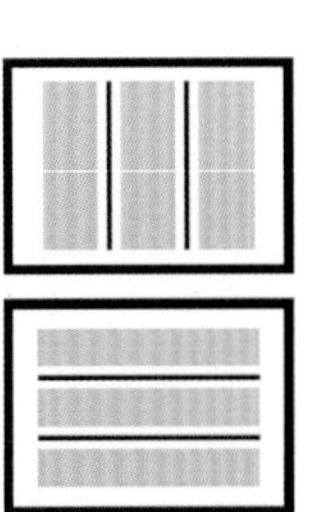

术语表

调整图层

创建调整图层可对其下方图层的颜色或色调值进行全局更改。调整图层可以通过单击【图层】面板上的【创建新的填充或调整图层】图标、并从菜单中选择一个调整类型来添加。

素材

素材是添加到场景中的任何独立元素，如照片或绘制的对象。它可以是2D或3D，并且经常被添加到与其他元素分离的层上，以便在不影响其他元素的情况下修改素材。

背景图层

背景图层是Photoshop画布的基础。背景图层的像素被锁定时，限制对其进行调整；因此，数字画家通常在背景之上的一层开始工作。

混合模式

这些模式将对你画作的素材产生混合作用。图层的混合模式可以通过选择图层和【图层】面板的下拉列表来改变。

画布

数字画布就像传统的画布或纸一样，是你创作艺术作品的空间。画布可以是空白的，按照你规定的尺寸规格制作，或者将现有的图像直接用作画布。

通道

根据图像的颜色模式，【通道】面板将分隔整个图像的颜色值。如果你使用的是CMYK模式，【通道】将分为青色、品红、黄色和黑色。如果图像处于RGB模式，【通道】则分为红色、绿色和蓝色。

剪切蒙版

蒙版被直接应用到一个图层除选定元素外的任何区域上，因此，必须在剪切蒙版应用到图层之前进行选择。这是把特定的元素从一个图层应用到一个图像的快速方法。

CMYK模式

CMYK代表青色、品红、黄色和黑色，指的是图像的色彩组合。计划打印的图像应转换成CMYK模式，以确保使用的所有颜色均可打印。

颜色模式

图像的颜色模式影响图像中使用的颜色。两种常见的颜色模式是CMYK和RGB。CMYK是打印图像的最佳颜色模式，而RGB则是屏幕显示的最佳颜色模式。

组合

组合图像是由多个其他图像和素材构成的单个统一图像。Photoshop的设计是为了创建组合图像，所以它有许多选项和功能，允许将素材便捷地集成到一个画布上。

对比

当两个元素之间有对比时，就意味着它们之间有明显的区别。对比可以与颜色、光线、纹理或形状有关。使用对比可使图像在视觉上很有趣，并有助于吸引观众的注意力。

去色

去色效应是指将一种颜色的强度削弱，使其不那么有影响力。Photoshop有一个去色功能（【图像】>【调整】）。另外，色彩饱和度的水平也可以通过滤镜和图层调整来改变。

滤镜

滤镜是一个功能，可以应用到每一个图层，以影响该图层内容的一般外观。滤镜通常用于数字绘画过程的最后一步，添加相机效果，或对灯光、纹理进行微妙的调整。

拼合

当Photoshop中的图像被拼合时，意味着用来创建图像的多个图层被合并到一个单独的图层中。这是最常见的扁平化形象做法。当图像被拼合后，这些图层将不能再单独编辑。

翻转

在Photoshop中，画布可以进行翻转以显示画布的镜像，本质上就是将图像从一边翻转到另一边。

画布可以水平翻转，使图像沿左侧翻转；也可以垂直翻转，使图像沿底部边缘翻转。

fx

fx 是特殊效果的常见缩写，在绘画过程的结尾使用来增强图像。Photoshop 在【图层】面板的底部提供了 *fx* 功能，可以让你创建一些特殊的效果，比如发光的物体和线条笔触效果。在大型制作中，如故事片或视频游戏，会有一个专门制作 *fx* 的部门。

灰度

灰度图像是一种除了黑色、白色和灰色之外没有其他颜色的图像。在添加颜色和额外的灯光效果之前，灰度图像经常用于显示场景不同区域的色调值。

直方图

直方图是描述一组特定数据的图表。在 Photoshop 中，【直方图】面板显示了画布上的像素是如何根据明暗值的数量分布的。这个面板可以用来检查图像是否有足够的对比度。

色相

色相是构成色彩的主要因素之一。饱和度控制颜色的强度，亮度控制颜色的深浅。与饱和度不同，色相与颜色在光谱中的位置有关，例如，它可以是蓝色、粉红色、橙色等。

反选

把某物反选就是把它的选区翻转过来。在 Photoshop 中，一个选区可以被反选，这样可以快速地选择一个复杂区域的反面或外部。这可以给你一个干净的画线周围的选择。

图层面板

图层面板为构成画布的所有图层提供了一个可视化的指导。在【图层】面板可以重新安排面板，可以改变图像的结构，可以添加新的图层，可以改变图层效果。

色阶

在 Photoshop 中，色阶调整与图像色调值的改变有关。【色阶】面板用于监控和更改黑色、灰色和白色的值，以在场景中创建或多或少的对比度。

明度

明度是一个值或图像相对于其周围环境的亮度。在 Photoshop 中，明度层混合模式被用来使一个图层的内容看起来更亮。当使用色彩平衡调整时，你也可以选择保持颜色的明度。

蒙版

蒙版可以应用到一个图层上，来覆盖你不想被看到的任何区域。在黑色蒙版上作画，可以显示下面的图层；在白色蒙版上作画，可以隐藏下面的图层。

合并

当层被合并在一起时，它们的内容被编译到一个单独的图层上。这类似于将图像压扁，只是它可以用于特定的层而不是所有的层。在【图层】面板中，图层之间不需要相邻放置。

杂色

杂色有时被称为视觉噪点，是对图像中像素进行干扰，产生颗粒状的效果。杂色可以以颜色或发光中断的形式出现。Photoshop 提供了一个特殊的杂色滤镜以及一系列的选项，可以很容易地创建这些效果。

不透明度

Photoshop 中的不透明度与元素、滤镜或图层的视觉强度有关。例如，当图层的不透明度降低时，该层中包含的元素变得更加透明，允许下面层中的元素透入。当不透明度为 100% 时，元素是不透明的。

路径

在 Photoshop 中，可以使用钢笔等工具来创建可编辑的路径线条。路径由可以调整的锚点来创建曲线和角度。路径可以用来创建几何形状或非常平滑的线条艺术，虽然这可能是一个缓慢的过程。

插件

插件是附加的软件，它执行的任务不是内置于主软件中的。插件用于使手动过程自动化，并使工作流更有效。然而 Photoshop 可以在很大程度上不需借助插件的帮助。

渲染

在数字绘画创作中，渲染被广泛用于绘画过程。渲染通常是指在绘画的后期阶段，添加颜色、光线和纹理等细节。

分辨率

图像的分辨率与它的清晰度有关。如果分辨率很低，画布上的像素就会减少，这意味着无法实现高水平的细节，图像可能看起来会像素化。分辨率的测量单位是 DPI（每英寸点数）。

RGB

RGB 颜色模式使用红色、绿色和蓝色构建所有可用的颜色。它与颜色有关，因为它是通过光来显示的，因此 RGB 颜色模式最适合用于数字显示的图像，而不是绘制的图像。

旋转

旋转允许你根据需要顺时针或逆时针旋转画布或图层。它的目的是模仿速写本的效果，以适应艺术家的手。

采样

样本是信息，通常是一种颜色，取自一组像素。在 Photoshop 中，可以通过选择【吸管】工具，单击要采样的像素点，选择该区域的颜色信息来采样。

饱和度

饱和度是指一个区域的颜色在画布上特别强烈，就好像它是用颜料厚涂的感觉。在【图像】>【调整】下，可以使用【色相 / 饱和度】函数控制图像中的饱和度级别。

选区

选区是被选区工具（如【套索】工具）标记出来的一个图层区域。当一个选区被标记时，它的周围会出现一条移动的线，表明你对图像所做的调整只会影响所选择的区域。

值

图像的值与明暗色调有关。它与颜色或明暗不同，用于在图像中创建深度和多样性。数值可以在 Photoshop 中使用【色阶】选项或【曲线】选项来调整。

可见性

图层的可见性决定了该图层上的像素能否被看到。关闭或打开图层的可见性，是通过单击相关图层旁的眼状图标来控制的。这允许你暂时隐藏不需要的图层信息。

工作空间

Photoshop 工作区是软件窗口的可见区域，其中有数字画布、工具、功能和信息窗口。

缩放

缩放工具使你可以通过放大和缩小来更近或更远地查看画布。本质上，它可以使画布看起来更大或更小，以满足你的需要。